한국의
식용버섯

한국의 식용버섯

초판 1쇄 인쇄 - 2020년 4월 25일
지은이 - 동의보감 약초사랑
편집 기획 - 행복을만드는세상

발행인 - 윤영수
발행처 - 한국학자료원
출판등록 - 제312-1999-074호
서울시 구로구 개봉본동 170-30
           02)3159-8050
특판부 02)3159-8051
           010-4799-9729
graphity@naver.com

ISBN 979-11-90145-56-5(13520)

한국의
식용버섯

한국의
식용버섯

머리말

어느 황금 같은 가을, 어깨엔 사진기를 메고, 혼자 숲속을 걷는다. 눈 앞에 쓰러진 나무 위, 낙엽 위, 마른 나무 위, 지면상의 모양과 색이 다른 버섯 등을 보고 내심은 흥분되고 평소에 받던 스트레스를 잊고 조심해서 버섯을 본다.

몇 년이 흘렀다. 장기간의 강의와 연구 과정 중 적지 않은 버섯의 자료와 사진 자료가 쌓이고, 마음속에 많은 버섯과 관련된 에피소드가 남게 되었다. 어느 날 갑자기 좋은 것은 마땅히 친구들과 같이 나누어야 된다는 생각이 났다. 그래서 책을 써야겠다는 생각이 생겼다. 일반 깊은 지식을 갖고 있는 사람부터 어린아이까지 모두 알아볼 수 있는 버섯 책을 쓸 생각을 하였다.

생물류 도감 중에 동식물의 도감이 절대다수를 차지하고 있다. 버섯류 도감 특히 버섯류에 대한 읽을 만한 것은 너무 적다. 만약 나의 조그마한 일이 이 부족함을 채워줬으면 하며 동시에 사람들이 대자연을 좋아하는 마음이 일깨워졌으면 하고, 당신으로 하여금 다시 대자연을 접할 때 당신 수중에 충분히 들어왔으면 한다. 발밑의 작은 버섯 세계로 들어와 그에 대한 흥미가 생겨나고 당신의 일부분 정력을 쏟아 버섯 사업에 심취하다면 내 미래의 가장 큰 행복이며 이 책을 출판하는 의미가 있겠다.

중독증상을 일으키는 독버섯의 종류

뇌증형(환각)을 일으키는 버섯
중독시에 심한 복통과 구토에 이어 환각현상이 4~5시간 지속
되다가 깊은 잠에 빠져 든다.
솔미치광이버섯
갈황색미치관이버섯

알코올과 함께 섭취하면 중독되는 버섯
술이나 알코올이 함유된 음료수와 함께 먹으면 구토와 두통이
일어난다.
배불뚝이깔때기버섯
두엄먹물버섯
비늘버섯

소화기와 신경계 장해를 일으키는 버섯
환각, 착란, 근육경련 및 구토와 설사 혼수상태를 일으키며 먹
은 량에 따라 위험도가 높아진다.
삿갓땀버섯
솔땀버섯
마귀광대버섯

콜레라 중독과 사망으로 이어지는 버섯
출혈성 위염과 급성신부전 및 간부전을 초래하고 심하면 사망
을 하게 된다.
알광대버섯
독우산광대버섯

흰알광대버섯
개나리광대버섯
큰주머니광대버섯

위장에 장해를 주는 버섯

심한 설사와 소화장해를 유발한다. 중독된 뒤 대부분은 3~4시간 후에 호전되는데 많은 량을 섭취할 경우 생명이 위험할 수도 있다.

노란다발
삿갓외대버섯
화경버섯
붉은싸리버섯
흰독큰갓버섯

독버섯을 섭취시 증상 및 응급조치 방법

보통 30분에서 12시간 안에 두통, 구토, 발진, 메스꺼움 등의 중독 증상이 있을 경우
즉시 보건소나 119에 신고하고 병원에서 치료한다.
환자가 의식은 있으나 경련이 없다면 물을 마시고 손가락을 입 안에 넣어 코하게 한다.
섭취하고 남은 독버섯은 치료에 도움이 될 수 있으므로 병원에 가지고 간다.

독버섯 식용버섯 구별법

독우산광대버섯(독버섯)

대는 표면에 인편이 있고 위에는 턱받이, 밑종에는
큰 대주머니가 있다.
여름, 가을에 자란다.
소나무 등의 침엽수림이나 활엽수림
한라산, 지리산, 오대산, 속리산, 가야산 등에 분포
한다.

흰주름버섯(식용)

갓은 흰색에서 유백색으로 손에 닿는 부분이 노란
색으로 변색이 된다. 대나 갓 가장자리에 턱받이가
남는다.
여름과 가을에 자란다.
대나무 밭 등의 흙에서 단생 도는 군생한다.
지리산, 발왕산, 어래산, 가야산 등에 분포한다.

화경버섯(독버섯)

주름살과 대의 경계에 고리 모양의 턱받이가 있다.
자르면 갓과 대 사이에 검은 얼룩이 있고 어둠속에
서는 푸르스름하게 빛난다.
여름, 가을에 자란다. 활엽수의 고목에 겹쳐서 군생
한다.
지리산, 광릉 등에 분포 한다.

느타리(식용버섯)

갓은 회색에서 갈색, 주름살은 백색이며 약간 빽빽
하며 대는 흰색으로 갓 한쪽에 붙어있다.
늦가을부터 겨울, 봄까지 자란다.
활엽수의 고목, 쓰러진 나무, 그루터기에 중생한다.
속리산, 한라산 등 전국에 분포 한다.

흰독큰갓버섯(독버섯)

갓의 크기가 작고 갓 위에 사마귀 점이 없거나 불
규칙 하고 대에는 뱀 껍질 모양의 무늬가 없다.
버섯에 상처를 내면 적갈색으로 변한 후에 암갈색
으로 변한다. 여름과 가을에 자란다.
숲속이나 대나무숲, 풀밭에 자란다.
소백산, 한라산 등에 분포 한다.

큰갓버섯(식용버섯)

갓이 피면서 큰 인편이 생기고 대에는 고리모양의
턱받이가 있다.
뱀껍질 모양의 무늬가 있다.
여름과 가을에 자란다.
숲속, 대나무숲, 풀밭에 있다.
소백산, 한라산 등에 분포 한다.

노란다발(독버섯)

노란색을 띄는 옅은 갈색이다.
주름살은 자라면 파란색이 된다.
봄, 여름, 가을까지 자란다.
고목나무, 대나무의 그루터기에 있다.
지리산, 가야산 등에 분포 한다.

개암버섯(식용버섯)

갓은 적갈색으로 찐빵모양에서 거의 평평하게 자란
다.
주름살은 유백색에서 자갈색이 된다.
가을에 자란다.
활엽수의 쓰러진 나무, 그루터기 등에 속생한다.
한라산, 모악산, 가야산 등에 분포 한다.

두엄먹물버섯(독버섯)

갓은 옅은 회갈색으로 자라면 가장자리부터 녹아
없어진다.
봄, 여름, 가을에 자란다.
밭과 썩은 나무 근처에서 군생한다.
한라산, 지리산 등에 분포 한다.

갈색먹물버섯(식용버섯)

표면은 연한 황갈색을 띠고 주름살은 흰색에서 검
은색으로 변한다. 큰 것은 독성분이 있어서 어린것
만 식용이 가능하다.
봄, 여름, 가을까지 자란다.
활엽수의 그루터기나 땅에 묻힌 나무에서 군생한다.
가야산, 발왕산 등에 분포 한다.

개나리광대버섯(독버섯)

표면은 거무스름한 노란색이고 주름살은 흰색이다.
대에는 작은 인편이 있고 흰색 턱받이와 대주머니
가 있다.
여름과 가을까지 자란다.
침엽수, 활엽수림 등의 흙에 단생 또는 군생 한다.
지리산, 오대산, 소백산 등에 분포 한다.

달걀버섯(식용버섯)

갓은 빨간색으로 가장자리에는 방사상의 홈선이 있
다.
밑동에는 큰 대주머니와 대에는 턱받이가 있다.
여름과 가을에 자란다.
활엽수, 전나무의 흙에 군생한다.
한라산, 속리산, 지리산, 소백산 등에 분포 한다.

붉은싸리버섯(독버섯)

버섯 전체가 퇴색한 주홍색 또는 분홍색이며 가지
끝은 황색이다. 상처를 입으면 자갈색에서 검은색으
로 변한다. 가을에 자란다.
활엽수림의 따에 군생한다.
한라산, 지리산, 속리산 등에 분포 한다.

싸리버섯(식용버섯)

대는 가늘게 갈라져서 나뭇가지 모양이 되고 끝은
옅은 빨간색이고 잘 부러진다.
여름과 가을에 자란다.
활엽수림의 따에 군생한다.
만덕산, 가야산 등에 분포 한다.

담갈색송이(독버섯)

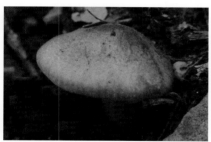

갓은 습한 환경에서는 점액이 나오고 마르면 광택
이 난다.
가을에 자란다.
소나무 숲이나 혼합림의 땅위에 자란다.
지리산, 광릉 등에 분포 한다.

송이버섯(식용버섯)

갓 표면은 다갈색으로 갈색 섬유상의 가느다란 인
피로 덮여 있다.
가을에 자란다.
소나무 숲의 땅에 군생한다.
지리산, 주왕산, 강원도 등에 분포 한다.

마귀곰보버섯(독버섯)

갓은 불규칙한 둥근모양과 주름진 뇌모양이며 표면
은 매끈하고 황토색 또는 적갈색이다.
봄과 초여름에 자란다.
침엽수의 땅에 단생 또는 군생 한다.
지리산 등에 분포 한다.

곰보버섯(식용버섯)

갓은 달걀모양이며 성긴 그물모양으로 패여 있고
파인곳은 비어 있다.
봄에 자란다.
숲속이나 전나무, 가문비나무 등에 단생 한다.
지리산 등에 분포 한다.

한국의 식용버섯

차 례

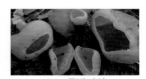
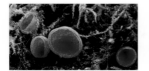

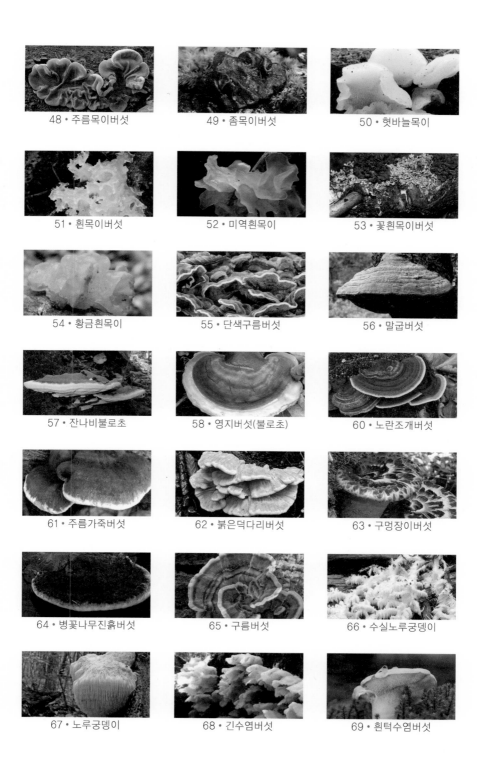

48 · 주름목이버섯

49 · 좀목이버섯

50 · 혓바늘목이

51 · 흰목이버섯

52 · 미역흰목이

53 · 꽃흰목이버섯

54 · 황금흰목이

55 · 단색구름버섯

56 · 말굽버섯

57 · 잔나비불로초

58 · 영지버섯(불로초)

60 · 노란조개버섯

61 · 주름가죽버섯

62 · 붉은덕다리버섯

63 · 구멍장이버섯

64 · 병꽃나무진흙버섯

65 · 구름버섯

66 · 수실노루궁뎅이

67 · 노루궁뎅이

68 · 긴수염버섯

69 · 흰턱수염버섯

70 · 좀나무싸리버섯

71 · 자주싸리국수버섯

72 · 국수버섯

73 · 볏싸리버섯

74 · 붉은방망이싸리버섯

75 · 싸리버섯

76 · 꾀꼬리버섯

77 · 애기꾀꼬리버섯

78 · 나팔버섯

78 · 뿔나팔버섯

80 · 등색주름버섯

81 · 흰주름버섯

82 · 숲주름버섯

83 · 주름버섯

84 · 숲긴대들버섯

85 · 낙엽송주름버섯

86 · 진갈색주름버섯

87 · 볏짚버섯

88 · 버들볏짚버섯

89 · 보리볏짚버섯

90 · 점박이광대버섯

91 • 달걀버섯

92 • 뽕나무버섯

93 • 배불뚝이연기버섯

94 • 무리벚꽃버섯

95 • 노랑쥐눈물버섯

96 • 키다리끈적버섯

97 • 하늘색깔때기버섯

98 • 먹물버섯

99 • 보라끈적버섯

100 • 풍선끈적버섯

101 • 솜털못버섯

102 • 깔대기버섯

103 • 그늘버섯

104 • 흰보라끈적버섯

105 • 고깔쥐눈물버섯

106 • 재흙물버섯

107 • 끈적버섯속

108 • 차양풍선끈적버섯

109 • 노란띠끈적버섯

110 • 두엄흙물버섯

111 • 낭피버섯

112 • 굴낭피버섯

113 • 갈색쥐눈물버섯

114 • 노란털돌버섯

115 • 팽나무버섯

116 • 오렌지밀버섯

117 • 붉은산꽃버섯

118 • 개암다발버섯

119 • 붉은무명버섯

120 • 달맞이꽃갓버섯

121 • 화병벚꽃버섯

122 • 만가닥버섯

123 • 다색벚꽃버섯

124 • 벚꽃버섯속

125 • 눈빛꽃버섯

126 • 자루비늘버섯

127 • 자주졸각버섯

128 • 배젖버섯

129 • 큰살색깔때기버섯

130 • 독젖버섯

131 • 민맛젖버섯

132 • 애잣버섯

133 • 가시갓버섯

134 • 광릉자주방망이버섯

135 • 민자주방망이버섯

136 • 표고

137 • 잿빛만가닥버섯

138 • 모래배꼽버섯

139 • 대형흰우산버섯

140 • 선녀낙엽버섯

141 • 큰갓버섯

142 • 애주름버섯

143 • 잣버섯

144 • 끈적긴뿌리버섯

145 • 갈색난민뿌리버섯

146 • 족제비눈물버섯

147 • 침비늘버섯

148 • 빨간난버섯

149 • 주름우단버섯

150 • 노란갓비늘버섯

151 • 느타리버섯

152 • 검은비늘버섯

153 • 꽈리비늘버섯

154 • 재비늘버섯

155 • 금빛비늘버섯

156 • 큰눈물버섯

157 • 산느타리버섯

158 • 흰비늘버섯

159 • 노란난버섯

160 • 땅비늘버섯

161 • 나도느타리버섯

162 • 넓은옆버섯

163 • 갈색비늘난버섯

164 • 노란느타리

165 • 분홍느타리

166 • 노루버섯

167 • 살구버섯

168 • 외대덧버섯

169 • 점박이버터버섯

170 • 청머루무당버섯

171 • 기와버섯

172 • 졸각무당버섯

173 • 애기버터버섯

174 • 절구버섯

175 • 구리빛무당버섯

176 • 혈색무당버섯

177 • 땅송이

178 • 장식솔버섯

179 • 치마버섯

180 • 방패비늘광대버섯

181 • 황갈색송이

182 • 솔버섯

183 • 제주비단털버섯

184 • 흰비단털버섯

185 • 왕그물버섯

186 • 붉은그물버섯

187 • 흑자색그물버섯

188 • 방망이황금그물버섯

189 • 껄껄이그물버섯

190 • 노란소름그물버섯

191 • 거친껄껄이그물버섯

192 • 흰돌레그물버섯

193 • 젖비단그물버섯

194 • 노란길민그물버섯

195 • 큰비단그물버섯

196 • 비단그물버섯

197 • 솜귀신그물버섯

198 • 솔비단그물버섯

199 • 제주쓴맛그물버섯

200 • 노란대쓴맛그물버섯

201 • 바다말미잘버섯

202 • 말징버섯

203 • 말불버섯(마발)

204 • 망태버섯

205 • 망태말뚝버섯

206 • 가시말불버섯

207 • 새주둥이버섯

208 • 좀말불버섯

209 • 말불버섯

210 • 말뚝버섯

211 • 모래밭버섯

212 • 검뎅이황색

213 • 덕다리버섯

214 • 잣뽕나무버섯

215 • 연잎낙엽버섯

216 • 반구독청버섯

217 • 갈색솔방울버섯

218 • 회색깔때기버섯

219 • 단풍밀버섯

220 • 붉은비단그물버섯

221 • 검은덩이버섯

222 • 송이

224 • 목이버섯

225 • 털목이버섯

226 • 노란털벚꽃버섯

227 • 그물버섯아재비

228 • 아가리쿠스버섯

229 • 나도팽나무버섯

230 • 양송이버섯

231 • 무리송이

232 • 풀버섯

233 • 잎새버섯

234 • 곰보버섯

정확한 자료가 없는 버섯

236 • 자료없음

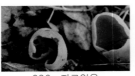
236 • 자료없음

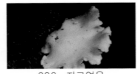
236 • 자료없음

237 • 자료없음

237 • 자료없음

237 • 자료없음

238 • 자료없음

238 • 자료없음

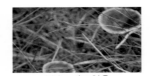
238 • 자료없음

239 • 자료없음

239 • 자료없음

239 • 자료없음

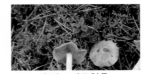
240 • 자료없음

240 • 자료없음

240 • 자료없음

241 • 자료없음

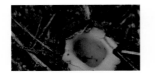
241 • 자료없음

241 • 자료없음

242 • 자료없음

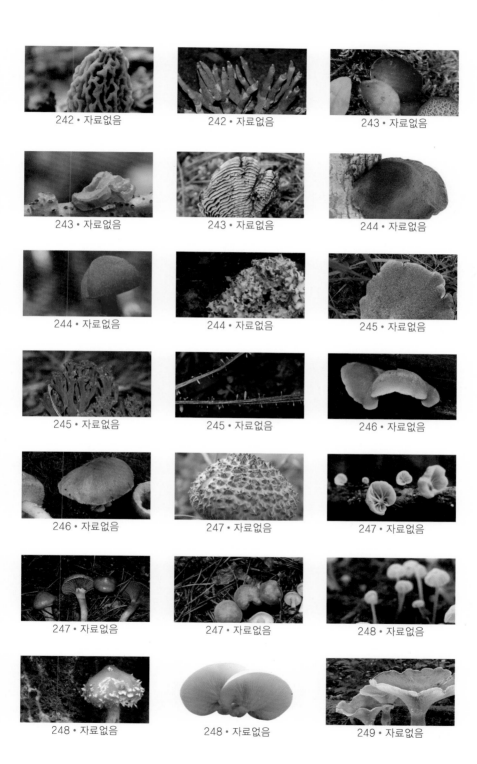

242 • 자료없음

242 • 자료없음

243 • 자료없음

243 • 자료없음

243 • 자료없음

244 • 자료없음

244 • 자료없음

244 • 자료없음

245 • 자료없음

245 • 자료없음

245 • 자료없음

246 • 자료없음

246 • 자료없음

247 • 자료없음

247 • 자료없음

247 • 자료없음

247 • 자료없음

248 • 자료없음

248 • 자료없음

248 • 자료없음

249 • 자료없음

249 • 자료없음

249 • 자료없음

250 • 자료없음

250 • 자료없음

250 • 자료없음

251 • 자료없음

251 • 자료없음

251 • 자료없음

252 • 자료없음

252 • 자료없음

252 • 자료없음

253 • 자료없음

253 • 자료없음

253 • 자료없음

254 • 자료없음

254 • 자료없음

254 • 자료없음

255 • 자료없음

255 • 자료없음

255 • 자료없음

256 • 자료없음

256 · 자료없음

256 · 자료없음

257 · 자료없음

257 · 자료없음

257 · 자료없음

258 · 자료없음

258 · 자료없음

258 · 자료없음

259 · 자료없음

259 · 자료없음

259 · 자료없음

259 · 자료없음

260 · 자료없음

260 · 자료없음

한국의
식용버섯

고무버섯

자낭균류 고무버섯목 두건버섯과의 버섯
Bulgaria inquinans (Pers.) Fr.

분포지역

한국, 중국, 일본, 유럽, 북아메리카, 러시아

서식장소 / 자생지

활엽수의 그루터기나 통나무 등의 나무껍질 틈

크기

자실체 지름 1~4cm, 높이 1~2.5cm

생태와 특징

여름부터 가을에 섞은 활엽수의 그루터기나 통나무 등의 나무껍질 틈에 무리를 지어 난다. 자실체는 지름 1~4cm, 높이 1~2.5cm로 처음에는 둥근 모양이나 자라면서 차츰 오므라져 얕은 접시 모양이 된다. 윗면은 처음에는 갈색이며 완전히 자라면 흑갈색이 되고 아랫면은 진한 갈색이다.

조직은 연한 갈색이며 탄력이 있는 한천질이다. 옆면에는 불규칙한 주름들이 있다. 포자는 10~17×6~7.5㎛로 타원형이며, 포자무늬는 갈색이다.

약용, 식용여부

맛과 냄새는 거의 없다.
식용버섯이다.

동충하초(번데기동충하초, 붉은동충하초)

자낭균류 맥각균목 동충하초과의 버섯
Cordyceps militaris(Vull.)Fr.

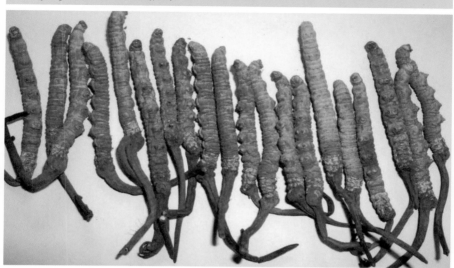

분포지역

전세계

서식장소 / 자생지

산림내 낙엽, 땅속에 묻힌 인시류의 번데기, 유충등에 기생

크기

자실체는 3~6cm의 곤봉형

생태와 특징

번데기버섯이라고도 한다. 여름에서 가을에 걸쳐 잡목림의 땅 속에 있는 곤충체에서 발생한다. 나비목 곤충의 번데기에 기생하며 자실체는 번데기 시체의 머리 부분에서 발생하고 곤봉 모양이다. 버섯 대는 둥근 기둥 모양으로 조금 구부러지며 오렌지색이고 머리 부분은 방추형으로 선명한 주황색이다. 피자세포는 머리부분의 표피 속에 파묻혀 있고, 그 속의 홀씨주머니 안에 가는 실 모양의 홀씨가 있고, 성숙하면 다시 갈라져서 2차 홀씨를 만든다.

약용, 식용여부

식용할 수 있다.

갈색균핵동충하초

자낭균류 맥각균목 동충하초과의 버섯
Elaphocordyceps ophioglossoides (Ehrh.) G. Sung, J. Sung & Spat.

분포지역

전세계

서식장소/ 자생지

소나무나 너도밤나무 밑 땅 속에서 돋는 균핵 Elaphomyces류
에 기생

크기

1-4cm

생태와 특징

　일반 동충하초의 학명 가운데 속명 Cordyceps라는 이름은 '곤봉(club)'을
뜻하는 그리스어 kordyle이라는 말과 '머리, 두부'를 뜻하는 ceps라는 말
이 합하여 생긴 것이다. 즉 '균핵에서 돋아난 동충하초' 라는 뜻이다.

　동충하초는 다른 생물에 기생하는 버섯으로 갈색균핵동충하초의 경우 땅
속에서 돋는 균핵 Elaphomyces류에 기생하여 돋은 것이다. 균핵
(Elaphomyces granulatus Fr.)은 여름에서 가을까지 소나무나 너도밤나
무 밑 땅속에서 발생하는데 그 크기가 1-4cm의 둥그런 구형인데 표면은 갈
황색이고 아주 미세하게 오톨도톨한 과립상이다. 소나무나 너도밤나무와
균근을 형성하는 균근균이다.

　갈색균핵동충하초의 전통 의학적 사용에서 갈색균핵동충하초는 그 맛이

약간 맵거나 온화한 편이다. 중국에서 폐와 신장의 강장제로 사용한다. 또 갈색균핵동충하초는 적혈루와 정자 생산을 증가시켜 몸의 기를 높여준다고 한다. 또 생리불순에 좋은 식용 오이풀 뿌리와도 잘 어울려 갈색균핵동충하초와 함께 사용한다. 이러한 생리불순 조절작용은 이 버섯의 균사체에서 추출할 수 있는 두 가지 성분 때문인 것으로 알려졌는데 이 성분은 여성 호르몬 에스트로겐의 활성 작용과 같은 작용이 있다고 한다.

갈색균핵동충하초의 화학성분은 항진균 성분인 ophiocordin과 항종양 성분인 galactosaminoglycans 3종이 들어 있다. 또 둥근 머리를 가지고 있는 또 다른 균핵동충하초 Elaphocordyceps capitata에는 indole alkaloids와 베타(103) 글로겐이 들어있다.

갈색균핵동충하초의 약리작용은 갈색균핵동충하초의 ophiocordin 성분에는 염증을 치료하는 소염성 및 항균 성분을 포함하고 있고, 또 말초혈류를 자극하는 polysaccharide CO-1도 함유하고 있다. 뿐만 아니라 항생물질도 포함하고 있어 항진균 작용을 가지고 있고 면역성을 활성화하여 인체의 유해 물질 제거력이 있는 대식세포를 활성화한다고 한다.

항종양 성분인 galactosaminoglycans에는 항종양 작용을 하는 CO-N, SN-C, CO-1 등 3종의 항종양 성분이 들어 있다. CO-N을 예로 들면 수용성 글리칸으로 sarcoma 180에 대한 높은 억제율을 보여 98.7%라는 놀라운 억제율을 기록하고 있다. 또 SN-C는 표고의 lentinan이나 구름송편버섯(=구름버섯=운지)에서 추출한 것 보다 더 광범위한 항종양 작용이 있다고 한다. 또 이 SN-C 성분은 세포독작용과 면역 활성 성분이기도 하다. CO-1 성분은 SN-C안에 들어 있는 중요 다당체로 표고의 lentinan 구조와 아주 흡사한 구조를 가지고 있는 성분이다. 물에는 녹지 않으나 구연산, 식초, 젖산에는 좋은 반응을 보여준다고 한다. 바로 이 성분이 sarcoma 180에 대한 강한 억제율을 보여주는 것이다.

약용, 식용여부
약용, 식용할 수 있다.

마귀곰보버섯

자낭균류 주발버섯목 안장버섯과의 버섯
Gyromitra esculenta (Pers.) Fr.

분포지역

한국, 일본, 유럽, 북아메리카

서식장소 / 자생지

침엽수의 그루터기나 톱밥더미 위

크기

자실체는 지름 5~20cm, 높이 5~12cm, 버섯 대 길이 약 10cm

생태와 특징

여름에서 가을까지 침엽수의 그루터기나 톱밥더미 위에 무리를 지어 자라거나 한 개씩 자란다. 자실체는 지름 5~20cm, 높이 5~12cm로 머리 부분은 갈색 또는 흑갈색이며 얕게 파인 주름이 있다. 버섯 대는 길이 약 10cm이며 흰색이고 속이 비어 있다. 홀씨는 16~21×8~10μm로 무색의 타원형이며 밋밋하고 기름방울이 2개 들어 있다. 살은 쉽게 부서진다.

약용, 식용여부

유독성분인 지로미트린을 함유하고 있어 날로 먹으면 위험하다. 지로미트린은 말리거나 삶으면 유독성분이 없어지는데, 외국에서는 식용으로 하고 있다.

주름안장버섯

자낭균류 주발버섯목 안장버섯과의 버섯
Helvella crispa (Scop.) Fr

분포지역

한국, 북한(백두산), 일본, 중국, 유럽, 북아메리카

서식장소 / 자생지 숲 속 또는 정원의 땅

크기

자실체 높이 10cm 정도, 버섯 대 길이 3~6cm

생태와 특징

여름에서 가을까지 숲 속 또는 정원의 땅에 무리를 지어 자란다. 자실체는 높이 10cm 정도이며 머리 부분과 자루 부분으로 나눌 수 있다. 머리 부분인 버섯 갓은 말안장처럼 생겼지만 모양이 일정하지 않으며 가장자리가 물결 모양이거나 갈라져 있다. 버섯 갓 표면은 연한 누런 잿빛인데 고르지 않다. 버섯 갓 뒷쪽 면에 홀씨를 만드는 자낭이 늘어서 있다. 버섯 대는 길이 3~6cm의 기둥 모양이고 속이 비어 있다. 버섯 대 표면은 흰색이며 세로로 융기된 맥이 불규칙한 간격을 이루고 있다. 홀씨는 18~20×9~13μm이고 타원 모양이다.

약용, 식용여부

식용할 수 있다.

긴대안장버섯

자낭균류 주발버섯목 안장버섯과의 버섯
Helvella elastica B

분포지역

한국(월출산, 지리산, 가야산, 만덕산, 한라산), 북
한(백두산), 일본, 유럽, 북아메리카

서식장소 / 자생지

숲 속의 땅 위

크기

자실체 지름 2~4㎝, 높이 4~10㎝

생태와 특징

여름에서 가을까지 숲 속의 땅 위에 한 개씩 자란다. 자실체는 지름 2~4
㎝, 높이 4~10㎝로 머리 부분은 말안장 모양인데, 자루의 윗부분을 양쪽
에 끼고 그 표면에 자실층이 발달한다. 자실층은 연한 노란빛을 띤 회백색
이다. 자루는 너비 약 5㎜인 원기둥 모양이며 가늘고 길다. 포자는 19~22
×10~12㎛이고 무색의 타원형이다. 측사는 실 모양이다.

약용, 식용여부

식용할 수 있다.
혈전용해 작용이 있으며, 민간에서는 기침, 가래 제거 등에 이용되기도 한
다.

눈꽃동충하초

자낭균류 맥각균목 동충하초과의 버섯
Isaria tenuipes Peck. (Isaria

분포지역

한국, 일본, 네팔

서식장소 / 자생지

산지나 숲 등의 낙엽 속

크기 자실체 높이 10~40㎜

생태와 특징

나방꽃동충하초라고도 부른다. 자실체 높이 10~40㎜이다. 전체적으로 산호처럼 생겼으며 눈꽃처럼 보이기도 한다. 분생자자루가 다발을 이루고 있다. 자루는 주황색이고 머리는 흰색의 밀가루처럼 생긴 분생포자 덩어리로 덮여 있으며 나뭇가지 모양이다. 머리에 있는 분생포자는 흔들리거나

외부적인 자극을 주면 쉽게 날아간다. 불완전세대형의 대표적인 동충하초이다. 숙주는 나비류와 나방류에 속하는 곤충의 어른벌레와 애벌레, 번데기 등이며 이들의 몸에 들어가 기생한다. 9~10월에 산지나 숲 등의 낙엽 속에서 흔히 볼 수 있다.

약용, 식용여부

식용할 수 있다. 혈전용해 작용이 있으며, 민간에서는 기침, 가래 제거 등에 이용되기도 한다.

키다리곰보버섯

곰보버섯과 곰보버섯속 버섯
Morchella conica Persoon(Morchella elata Fr.)

분포지역

북미, 유럽, 전세계

서식장소/ 자생지

녹림의 초지나 떨어진 잎의 퇴적한 지상

크기

높이 15cm전후

생태와 특징

초봄에서 봄에 걸쳐 발생하는 곰보버섯류로서, 녹림의 초지나 떨어진 잎의 퇴적한 지상에 단생 또는 군생한다. 높이는 15cm전후이며, 갈색의 두부는 원추형으로 다른 곰보버섯류보다 더 돌기되어 있으며, 벌집형 망구조로 늑맥을 지니며, 늑맥은 세로로 잘 발달되어 있다. 담황토색으로 데쳐서 먹는다. 곰보버섯류는 세계적으로 넓게 분포하지만 각종을 구분한다는 것은 쉬운 일이 아니다. 이유는 세계적으로 종류가 다양한 것도 있겠지만, 포자의 생김새와 자낭의 구조 등이 서로 비슷비슷해 구분이 어렵기 때문이다. 하지만 DNA검사로 분류한다면 정확한 종 구분이 가능할 수도 있다.

약용, 식용여부

식용할 수 있으나 독이 있어 위장장애를 일으킬 수 있으니 날로 먹지 않는 것이 좋다.

굵은대곰보버섯

주발버섯목 곰보버섯과 곰보버섯속
Morchella crassipes(Vent.) Pers.

분포지역

한국, 중국 등

서식장소/ 자생지

숲속 땅 위

크기

자실체 길이 약 6cm~15cm, 지름 5cm정도

생태와 특징

여름에 숲속땅 위에서 발생한다. 자실체 길이는 약 6cm~15cm, 지름은 5cm 정도이다. 봄에 발생하며, 대는 백색, 갓은 엷은 노란색을 띄고 있다. 홀씨 크기는 230-260μm×18-21μm이다.

약용, 식용여부

식용할 수 있으나, 독이 있다. 소화불량과 가래가 많은 데 좋다.

주발버섯

자낭균류 주발버섯목 주발버섯과의 버섯
Peziza vesiculosa

분포지역

한국, 북한(백두산) 등 전 세계

서식장소 / 자생지

썩은 짚이나 밭의 땅

크기

자실체 지름 3~10㎝

생태와 특징

일 년 내내 썩은 짚이나 밭의 땅에 무리를 지어 자란다. 자실체는 지름 3~10㎝이고 주발처럼 생겼다. 자실체의 바깥 면은 흰색이고 안쪽 면은 연한 갈색이며 여러 개가 모여 나므로 서로 눌러서 불규칙하게 비뚤어져 있다. 버섯 대는 없다. 홀씨는 20~24×11~14㎛이고 타원 모양이다. 홀씨 표면은 색이 없고 밋밋하다.

약용, 식용여부

식용할 수 있다.

술잔버섯

자낭균류 주발버섯목 술잔버섯과 버섯
Sarcoscypha cocc

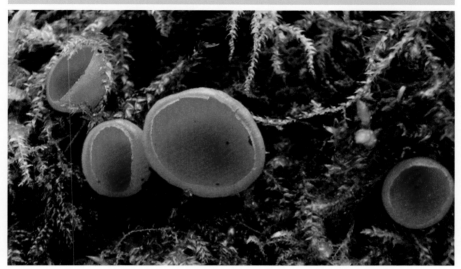

분포지역

한국 등 전세계

서식장소 / 자생지

썩은 나뭇가지

크기

자실체 지름 1~8cm

생태와 특징

여름에서 가을까지 썩은 나뭇가지 등에 무리를 지어 자란다. 자실체는 지름 1~8cm로 술잔 모양이며 바깥 면은 흰색 또는 연한 홍색으로 작은 털로 덮여 있고 술잔 안쪽의 자실층은 선홍색이다. 버섯 대는 길게 나무속에 묻혀있는 것도 있고 버섯 대가 아예 없는 것도 있다. 홀씨는 29~39×9~13㎛로 타원형이고 색이 없으며 표면이 밋밋하며, 양끝 속에 작은 알맹이가 많이 들어있다. 목재부후균이다.

약용, 식용여부

맛은 좋지만 날것은 독이 있기 때문에 반드시 익혀 먹어야 한다.

상황버섯

담자균류 민주름버섯목 진흙버섯과의 버섯.
Phellinus linteus)

분포지역

한국, 일본, 오스트레일리아, 북아메리카

서식장소/ 자생지

다년생 뽕나무류의 나무에서 자라지만 요즘은 대량재배된다.

크기

지름 6~12cm, 두께 2~10cm로, 반원 모양, 편평한 모양, 둥근 산 모양, 말굽 모양 등 여러 가지 모양을 하고 있다.

생태와 특징

초기에는 진흙 덩어리가 뭉쳐진 것처럼 보이다가 다 자란 후에는 나무 그루터기에 혓바닥을 내민 모습이어서 수설(樹舌)이라고도 한다.

갓은 표면에는 어두운 갈색의 털이 짧고 촘촘하게 나 있다가 자라면서 없어지고 각피화한다. 검은빛을 띤 갈색의 고리 홈이 나 있으며 가로와 세로로 등이 갈라진다. 가장자리는 선명한 노란색이고 아랫면은 황갈색이며 살도 황갈색이다. 자루가 없고 포자는 연한 황갈색으로 공 모양이다.

약용, 식용여부

상황버섯은 면역세포를 증가시키고 활성화시켜 암세포를 죽이며, 항암제의 작용을 증강시켜 준다. 또한 방사선 치료와 항암제 부작용을 낮춰주며 암 전이를 막아주기도 한다.

털목이버섯

담자균류 목이목 목이과의 버섯
Auricularia po

분포지역

한국, 일본, 아시아, 남아메리카, 북아메리카

서식장소 / 자생지 활엽수의 죽은 나무 또는 썩은 나뭇가지

크기 버섯 갓 지름 3~6㎝, 두께 2~5㎜

생태와 특징

봄에서 가을까지 활엽수의 죽은 나무 또는 썩은 나뭇가지에 무리를 지어
자란다. 버섯 갓은 지름 3~6㎝, 두께 2~5㎜이고 귀처럼 생겼다. 버섯 갓이
습하면 아교질로 부드럽고 건조해지면 연골질로 되어 단단하다. 버섯 갓 표
면에는 잿빛 흰색 또는 잿빛 갈색의 잔털이 있다. 갓 아랫면은 연한 갈색 또
는 어두운 자줏빛 갈색이고 밋밋하지만 자실층이 있어 홀씨가 생기며 흰색

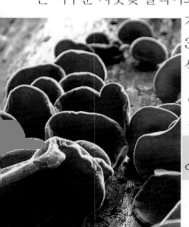

가루를 뿌린 것처럼 보인다. 홀씨는 크기 8~13×
3~5㎛의 신장모양이고 색이 없다. 홀씨무늬는 흰
색이다. 목재부후균으로 나무를 부패시킨다.

약용, 식용여부

식용할 수 있다.

인공 재배되고 있고 중국요리에서 목이와 함께
이용된다.

주름목이버섯

담자균류 목이목 목이과의 버섯
Auricularia mesente

분포지역

한국, 일본, 중국, 시베리아, 유럽, 북아메리카, 오
스트레일리아

서식장소 / 자생지

죽은 활엽수

크기 자실체 지름 5~15㎝, 두께 1.5~2.5mm

생태와 특징

1년 내내 죽은 활엽수에 무리를 지어 자란다. 자실체는 지름 5~15㎝, 두
께 1.5~2.5mm이고 기주에 넓게 달라붙는다. 자실체는 대부분 버섯 갓처럼
생겨서 위로 뒤집혀 말리거나, 단단한 아교질로 이루어져서 가장자리가 얇
게 갈라져 있다. 버섯 갓은 반원 모양이며 가장자리가 갈라진 것도 있고 밋
밋한 것도 있다. 갓 표면에는 동심원처럼 생긴 고리무늬가 있으며, 검은색
인 곳은 밋밋하고 잿빛 흰색인 곳에는 부드러운 털이 있다. 갓 안쪽은 붉은
색 또는 어두운 갈색이고 방사상 주름벽이 있는데, 건조하면 검은색의 가
루 같은 가죽질로 변하며 단단하다. 홀씨는 8.5~13.5×5~7㎛이고 달걀모
양이거나 신장모양이며, 작은 알갱이가 표면에 붙어 있다.

약용, 식용여부

식용과 약용할 수 있다.

좀목이버섯

담자균류 흰목이목 좀목이과의 버섯 장미주걱목이
Exidia glandulosa

분포지역

한국 등 전세계

서식장소 / 자생지

각종 활엽수의 죽은 가지나 그루터기

크기

자실체 지름 10㎝, 두께 0.5~2㎝

생태와 특징

여름에서 가을에 걸쳐 각종 활엽수의 죽은 가지나 그루터기에 무리를 지어 자란다. 자실체는 지름 10㎝로 자라 죽은 나무 위에 편평하게 펴진다. 자실체 두께는 0.5~2㎝로 연한 젤리질이며 작은 공 모양으로 무리를 지어

자라지만 차차 연결되어 검은색 또는 푸른빛이 도는 검은색으로 되고 뇌와 같은 주름이 생긴다. 마르면 종이처럼 얇고 단단해진다. 자실체 표면에는 작은 젖꼭지 같은 돌기가 있다. 홀씨는 12~15×4~5㎛의 소시지 모양이고 색이 없다. 담자세포는 흰목이 모양이다. 목재부후균이다.

약용, 식용여부

식용과 약용할 수 있다.

혓바늘목이버섯

목이목 좀목이과 혓바늘목이
Pseudohydnum gelatinosum (Scop. ex Fr) Karst

분포지역

한국, 일본, 북아메리카 등지에 분포

서식장소/ 자생지

침엽수림 내 썩은 나무, 그루터기 등

크기

갓의 형태 지름 2.5~7㎝, 높이 2.5~5㎝

생태와 특징

봄부터 가을에 걸쳐 침엽수림 내 썩은 나무, 그루터기 등에 무리지어 나며
목재부후균이다. 갓의 형태 지름 2.5~7㎝, 높이 2.5~5㎝로 혀 모양에서
부채형이며 젤라틴질이다. 갓의 색은 윗면은 회갈색~담갈색이고 아랫면
에는 장원추상의 돌기가 밀집되어 있으며, 그 전면에 자실층이 발달되었
고, 대는 있으면 편심생이다. 대 편심생형이고 짧다. 표면의 미세한 털은
고양이 혀처럼 바늘모양으로 백색이다. 포자 지름 3~7㎛로 구형이고 표면
은 평활하고, 포자문은 백색이다.

약용, 식용여부

식용버섯이다.

뜨거운 물에 살짝 담갔다가 삶은 완두에 무를 넣고 꿀을 넣으면 되지만,
후르츠 펀치에 넣어도 좋다

50

흰목이버섯

담자균류 흰목이목 흰목이과의 버섯
Tremella fuciform

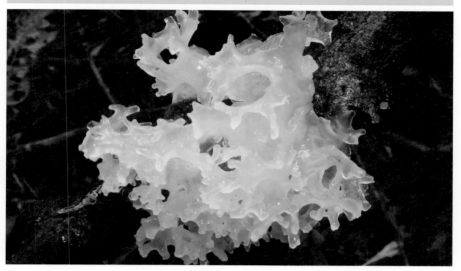

분포지역

한국, 일본, 중국 및 열대지방

서식장소 / 자생지

각종 활엽수의 고목 또는 나뭇가지

크기 자실체 크기 3~8×2~5㎝

생태와 특징

은이(銀?)라고도 한다. 여름과 가을에 각종 활엽수의 죽은 나무 또는 나뭇가지에서 자란다. 자실체는 크기가 3~8×2~5㎝이지만 건조해지면 작아지면서 단단해진다. 전체가 순백색의 반투명한 젤리 모양이며 기부에서 겹꽃 모양 또는 닭 볏 모양을 하고 있다. 자실층은 투명한 우무질의 두꺼운 층 속에 파묻혀 있다. 홀씨는 무색의 달걀 모양이나 타원 모양이며 우무질층 밖으로 형성되어 성숙하면 흩어져 날린다.

약용, 식용여부

식용할 수 있다.

분포지역

한국(한라산), 일본, 유럽, 남아메리카, 오스트레일리아

서식장소 / 자생지

죽은 활엽수

크기

자실체 지름 5~10cm, 높이 3.5~5.5cm

생태와 특징

여름에서 가을까지 죽은 활엽수에 자란다. 자실체는 지름 5~10cm, 높이 3.5~5.5cm이며 전체적으로 서로 겹쳐서 물결 모양 또는 꽃잎 모양의 갈라진 조각으로 이루어진 덩어리를 이룬다. 갈라진 조각은 두께 1mm 정도로 얇고 검은색 또는 흑갈색인데 건조하면 검고 단단한 연골질 덩이로 오그라든다. 이러한 자실체의 색깔 때문에 미역흰목이라는 이름이 붙었다. 담자세포는 달걀 모양 또는 세로격막으로 4개의 방으로 갈라져 있다. 홀씨는 10~16×12μm로 무색의 달걀 모양이다.

약용, 식용여부

식용 가능하지만 유독종인 쿠로하나비라타케(자낭균류)와 유사하기 때문에 함부로 먹는 것은 금물이다.

꽃흰목이버섯

담자균류 흰목이목 흰목이과의 버섯
Tremella foliacea

분포지역

한국(속리산, 오대산, 변산반도국립공원, 방태산, 어래산, 만덕산, 지리산)
등 전세계

서식장소 / 자생지

활엽수의 죽은 가지

크기 버섯 갓 지름 6~12cm, 높이 3~6cm

생태와 특징

여름부터 가을까지 활엽수의 죽은 가지에 뭉쳐서 자란다. 버섯 갓은 지름
6~12cm, 높이 3~6cm이고 꽃잎 모양으로 갈라져 있다. 각각의 조각은 흰목
이보다 크고 물결처럼 굽이쳐서 겹꽃 모양을 이룬다. 갓 표면은 연한 분홍
색 또는 연한 자갈색으로 반투명하고 부드럽다. 표면이
마르면 검은색에 가깝게 변한다. 홀씨는 공 모양으로
색이 없고 지름이 7×6μm이다. 담자세포는 지름 9~10
μm의 공 모양으로 흰목이와 비슷하다.

약용, 식용여부

식용할 수 있다.

황금흰목이

담자균류 흰목이목 흰목이과의 버섯

Tremella mesenterica

분포지역

한국, 일본 등 전세계

서식장소 / 자생지

활엽수의 썩은 나무

크기

자실체 지름 6cm, 높이 3~4mm

생태와 특징

활엽수의 썩은 나무에 자란다. 자실체는 지름 6cm, 높이 3~4mm이지만 축축하면 그 이상으로 자라기도 하는데, 주머니처럼 생겼고 부풀어서 서로 달라붙어 있으며 주름이 물결처럼 잡혀 있다. 자실체 표면은 황백색, 노란색, 오렌지색이고 점성이 있으며 표면 전체에 자실층이 있다. 자실체 표면이 건조하면 수축되어 연골질로 변한다. 담자에 있는 홀씨는 9~14× 7.5~10.5μm의 달걀 모양이다.

약용, 식용여부

식용가능 하지만 맛이 없다.

단색구름버섯

담자균문 균심아강 민주름버섯목 구멍장이버섯과 단색구름버섯속
Cerrena unicolor (Bull.) Murrill

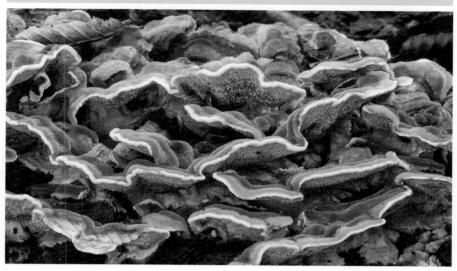

분포지역

한국, 일본, 중국 등 북반구 일대

서식장소/ 자생지

침엽수, 활엽수의 고목 또는 그루터기

크기 갓의 지름은 1~5㎝, 두께는 0.1~0.5㎝

생태와 특징

단색구름버섯 갓의 지름은 1~5㎝, 두께는 0.1~0.5㎝ 정도이며, 반원형으
로 얇고 단단한 가죽처럼 질기다. 표면은 회백색 또는 회갈색으로 녹조류
가 착생하여 녹색을 띠며, 고리무늬가 있고, 짧은 털로 덮여 있다. 조직은
백색이며, 질긴 가죽질이다. 대는 없고 기주에 부착되어 생활한다. 관공은

0.1㎝ 정도이며, 초기에는 백색이나 차차 회색 또는 회
갈색이 되고, 관공구는 미로로 된 치아상이다. 포자문
은 백색이고, 포자모양은 타원형이다.
1년 내내 침엽수, 활엽수의 고목 또는 그루터기에 기왓
장처럼 겹쳐서 무리지어 발생하며, 부생생활을 한다.

약용, 식용여부

약용으로, 항종양제의 효능이 있다.

말굽버섯

담자균문 균심아강 민주름버섯목 구멍장이버섯과 말굽버섯속
Fomes fomentarius

분포지역

한국(두륜산, 방태산, 발왕산, 지리산, 한라산) 등
북반구 온대 이북

서식장소 / 자생지

자작나무, 너도밤나무, 단풍나무류와 같은 활엽수 나무

크기 두께 10~20cm, 지름 20~50cm

생태와 특징 북한명은 말발굽버섯이다. 여러해살이이다. 버섯 갓은 지름
20~50cm, 두께 10~20cm로 처음에 반원 모양이다가 나중에 종 모양 또는
말굽모양으로 변한다. 작은 것은 갓 지름이 3~5cm밖에 안된다. 갓 표면은
회색으로 두꺼우며, 단단한 껍질로 덮여 있고, 회황갈색이나 흑갈색 물결
무늬 또는 가로로 심한 홈 줄이 나 있다. 갓 가장자리는 둔하고 황갈색이
다. 표피는 황갈색이며 질긴 모피처럼 생겼다. 아랫면은 회백색이고, 줄기
구멍은 여러 층이고 빽빽한 회색 또는 연한 주황색의 작은 구멍이 있다.

약용, 식용여부

식용할 수 있다. 맛은 약간 쓰고 밋밋하다. 일반적으로 껍질이 단단하여
식용이나 약용으로 사용할 때는 잘게 썰어 달여 차와 같은 형태로 사용하
고, 간경변, 발열, 눈병, 복통, 감기, 변비, 폐결핵, 소아식체, 식도암, 위암,
자궁암 등에 약용한다.

잔나비불로초

담자균문 균심아강 민주름버섯목 불로초과 불로초속
Ganoderma applanatum (Pers.) Pat.

분포지역

한국 및 전 세계

서식장소/ 자생지 활엽수의 고사목이나 썩어가는 부위

크기 갓의 지름 5~50㎝, 두께 2~5cm

생태와 특징 봄부터 가을 사이에 활엽수의 고사목이나 썩어가는 부위에 발생하며, 다년생으로 1년 내내 목재를 썩히며 성장한다. 잔나비불로초의 갓은 지름이 5~50㎝ 정도이고, 두께가 2~5㎝로 매년 성장하여 60㎝가 넘는 것도 있으며, 편평한 반원형 또는 말굽형이다. 갓 표면은 울퉁불퉁한 각피로 덮여 있으며, 동심원상 줄무늬가 있으며, 색깔은 황갈색 또는 회갈색을 띤다. 종종 적갈색의 포자가 덮여 있다. 조직은 단단한 목질이며, 관공구는 원형으로 여러 층에 있으며, 지름이 1cm 정도이다. 대는 없고, 기주 옆에

붙어 생활한다. 포자문은 갈색이고, 포자모양은 난형이다.

북한명은 넙적떡다리버섯이며, 외국에서는 갓의 폭이 60㎝ 이상 되는 것도 있어 원숭이들이 버섯 위에서 놀기도 한다고 한다.

약용, 식용여부

약용으로 이용된다.

영지버섯(불로초)

담자균문 구멍장이버섯목 불로초과 불로초속의 버섯

Ganoderma lucidum(Curtis)P.Karst.

분포지역

전세계

서식장소 / 자생지

활엽수 뿌리밑동이나 그루터기

크기

버섯 갓 지름 5~15㎝, 두께 1~1.5㎝, 버섯 대 3~15×1~2㎝

생태와 특징

우리나라에서는 잔나비걸상과의 영지(Ganoderma lucidum Karsten) 또는 근연종의 자실체를 말한다. 중국에서는 영지를 비롯해서 자지(Ganoderma sinense Zhao. Xu et Zhang:紫芝)를 말한다. 일본에서는 공정생약으로 수재되지 않았다. 불로초라고도 한다.

여름에 활엽수 뿌리 밑동이나 그루터기에서 발생하여 땅 위에도 돋는다. 버섯 갓과 버섯 대 표면에 옻칠을 한 것과 같은 광택이 있는 1년생 버섯이다. 버섯 갓은 지름 5~15㎝, 두께 1~1.5㎝로 반원 모양, 신장 모양, 부채 모양이며 편평하고 동심형의 고리 모양 홈이 있다. 버섯 갓 표면은 처음에 누런빛을 띠는 흰색이다가 누런 갈색 또는 붉은 갈색으로 변하고 늙으면 밤갈색으로 변한다. 홀씨는 2중 막이고 홀씨 무늬는 연한 갈색이다.

생김새는 삿갓은 목질화 되어 딱딱하며 반원형 또는 콩팥모양이다. 바깥

면은 붉은색, 검은색, 푸른색, 흰색, 황색, 자색 등 각각 다른 색을 띠는 여러 가지 종류가 있다. 삿갓의 바깥 면은 칠(漆)과 같은 광택이 있고 안쪽 면의 관공면(管孔面)은 흰색 또는 엷은 갈색이다. 자루(柄)는 삿갓의 지름보다 길고 윤기가 있는 검은색이다.

약용, 식용여부

약용으로 쓰며 영지는 신체가 허약할 때 정기를 증강시키고 해수, 천식, 불면, 건망증에 쓰며 고혈압, 고지혈증, 관상동맥경화증, 간 기능 활성화에 사용한다. 약리작용으로 중추신경억제작용, 근육이완, 수면시간 연장, 혈압강하작용, 진해거담작용, 중독성간염경감효과, 장관흥분작용 등이 보고되었다. 이 약은 냄새가 거의 없고 맛은 달고 쓰며 성질은 약간 따뜻하다.[甘苦微溫]

노란조개버섯

담자균류 민주름버섯목 구멍버섯과의 버섯
Gloephyllum sepiarium

분포지역

북한, 일본, 중국, 필리핀, 유럽, 북아메리카, 오스
트레일리아

서식장소 / 자생지 여러 가지 침엽수의 잎

크기 버섯 갓 1~5×2~15×0.3~1cm, 버섯 대 굵기 1~2.5cm, 길이 5~7cm

생태와 특징 일 년 내내 여러 가지 침엽수의 잎에 자란다. 자실체는 버섯 대
가 없고 반배착하며 가죽질 또는 코르크질이다. 버섯 갓은 1~5×2~15×
0.3~1cm 크기로 반구 모양, 조가비 모양, 부채 모양이고 옆으로 붙어 난다.
갓 표면은 선명한 누런빛을 띤 붉은색, 녹슨 색 또는 검은색으로 원형 무늬
와 빗살 모양의 주름이 있고 거친 털로 덮여 있다. 갓 가장자리는 날카롭고
진흙색이다. 살은 진흙 색 또는 검은 밤색으로 코르크질이며 두께는 2~6
mm이다. 주름살은 간격이 0.5~1mm로서 빗살 모양을 하고 있으며 주름살의
높이는 2~10mm이다. 다 자라면 주름살이 찢어지고 엷게 흐린 색 또는 연
한 재색의 막이 얇게 덮여 있다. 주머니모양체는 실북 모양이며 홀씨는
8~10.5×3~4μm이고 원통 모양으로 밋밋하며 무색이다. 갈색부후균으로
밤색 부패를 일으킨다.

약용, 식용여부

약용으로 사용할 수 있다.

주름가죽버섯

담자균류 민주름버섯목 구멍버섯과의 버섯
Ischnoderma resinosum

분포지역

북한, 일본, 중국, 필리핀, 유럽, 북아메리카

서식장소 / 자생지 죽은 참나무

크기 버섯 갓 5~15×6~20×0.5~2.5cm

생태와 특징

일 년 내내 죽은 참나무에 무리를 지어 자라며 한해살이이다. 자실체는 좌생이나 반배착 또는 전배착하여 기주에 달라붙는다. 버섯 갓은 5~15×6~20×0.5~2.5cm이고 반원모양이인데, 어려서는 육질에 가까우며 축축하고 바니시 냄새가 나지만 건조하면 코르크질이 된다. 갓 표면은 밤색 바탕에 피막과 원 무늬가 있다. 갓 가장자리는 예리하고 아래로 휘어진다. 살

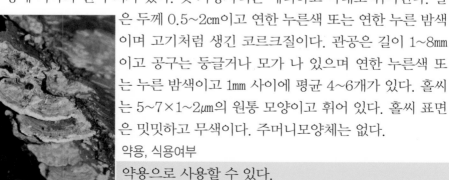

은 두께 0.5~2cm이고 연한 누른색 또는 연한 누른 밤색이며 고기처럼 생긴 코르크질이다. 관공은 길이 1~8mm이고 공구는 둥글거나 모가 나 있으며 연한 누른색 또는 누른 밤색이고 1mm 사이에 평균 4~6개가 있다. 홀씨는 5~7×1~2μm의 원통 모양이고 휘어 있다. 홀씨 표면은 밋밋하고 무색이다. 주머니모양체는 없다.

약용, 식용여부

약용으로 사용할 수 있다.

붉은덕다리버섯

담자균류 민주름버섯목 구멍장이버섯과의 버섯
Laetiporus sulphureus var. miniatus

분포지역

한국(지리산, 한라산), 북한(백두산), 일본, 아시아 열대 지방

서식장소 / 자생지

침엽수의 죽은 나무 또는 살아 있는 나무, 그루터기

크기

버섯 갓 지름 5~20cm, 두께 1~2.5cm

생태와 특징

1년 내내 침엽수의 죽은 나무 또는 살아 있는 나무, 그루터기에 무리를 지어 자란다. 버섯 갓은 지름 5~20cm, 두께 1~2.5cm로 표면은 선명한 주황색 또는 노란빛을 띤 주황색이고 건조하면 흰색으로 변한다. 부채 모양 또는 반원 모양의 버섯 갓이 한 곳에서 겹쳐서 나며 전체가 30~40cm에 이른다. 살은 육질로서 연한 연어살색이며 나중에 단단해지고 쉽게 부서진다. 아랫면에 있는 관공의 길이는 2~10mm로 구멍은 불규칙하고 1mm 사이에 2~4개 있다. 홀씨는 6~8×4~5μm로 타원형이고 색이 없다. 목재부후균이며 나무속을 갈색으로 부패시킨다.

약용, 식용여부

어린 것은 식용할 수 있다.

구멍장이버섯(개덕다리겨울우산버섯, 개덕다리버섯)

담자균류 민주름버섯목 구멍장이버섯과의 버섯.
Polyporus squamosus (Huds.) Fr. (Polyporellus squamosus (Huds.)

분포지역

한국, 일본, 타이완, 필리핀, 오스트레일리아, 아메리카

서식장소/ 자생지

활엽수의 마른나무

크기

갓 지름 5~15㎝, 두께 0.5~2㎝

생태와 특징

개덕다리버섯이라고도 한다. 활엽수의 마른 나무에서 생긴다. 갓은 지름 5~15㎝, 두께 0.5~2㎝로 부채 모양이고 자루는 한쪽으로 치우쳐 있으며 굵다. 갓 표면은 엷은 노란빛을 띤 갈색으로 짙은 갈색의 커다란 비늘껍질

을 가진다. 살은 희고 강한 육질이며 마르면 코르크 모양으로 된다. 갓 뒷면에는 무수한 구멍이 있으며 담자기(擔子基)는 그 구멍의 내면에 생긴다.

자루는 단단하고 밑부분이 검다. 포자는 길이 11~14 ㎛, 나비 4~5㎛로 색이 없으며 긴 타원형이다. 어린 버섯은 식용한다. 목재에 붙어서 백색부후를 일으킨다.

약용, 식용여부

어릴 때는 식용가능하다.

병꽃나무진흙버섯

진정담자균강 민주름버섯목 꽃구름버섯과 꽃구름버섯속
Phellinus lonicericola Parmasto(=Inonotus Ionicericola(Parmasto))

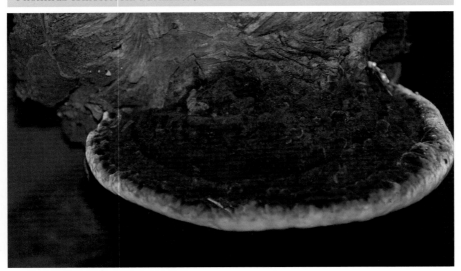

분포지역

한반도(백두대간 및 그 인근)

서식장소/ 자생지

썩은 병꽃나무 줄기

크기

지름 80mm

생태와 특징

썩은 병꽃나무 줄기에 나는 버섯류로 자실체는 다년생이고 대부분 말굽형
이며 지름이 80mm까지 자란다. 목질이며 매우 단단하다. 표면은 갈색이며,
작은 융모가 나 있거나 반들반들하며, 동심원의 띠 모양을 하며 얇게 갈라
진 모양을 한다. 구멍 표면은 갈색이고 가장자리는 뚜렷하고 황갈색을 띤
다. 구멍은 mm당 7-10개이며 격벽은 얇다. 균사체계는 일균사형이고 생식
균사는 얇거나 두터운 균사벽과 단순격막을 갖는다, 강모체는 두터운 세포
벽을 갖는 송곳 모양이다. 담자포자는 타원형에서 준원형이고 부드럽고,
투명하다. 이 종은 Phellinus baumii와 혼동되기 쉬우나 P. baumii는 교
목에서 발생하며 좀 더 큰 담자포자를 갖는다. 한반도에 분포한다.

약용, 식용여부

약용으로 타박상, 골절치료 및 신장염, 부종에 효과가 있다.

구름버섯

담자균문 균심아강 민주름버섯목 구멍장이버섯과 구름버섯속
Coriolus versicolor(L. ex Fr.) Quel.

분포지역

한국, 일본, 중국 등 전 세계

서식장소/ 자생지 침엽수, 활엽수의 고목 또는 그루터기, 등걸

크기 갓 너비 1~5cm, 두께 0.1~0.2cm

생태와 특징 갓은 너비 1~5cm, 두께 0.1~0.2cm로 반원형이며, 표면은 흑색
~남흑색이고 회식, 황갈색, 암갈색, 흑갈색, 흑색 등의 환문을 이루고 짧
은 털이 빽빽이 나 있다. 조직은 백색이고 강인한 혁질(革質)이며, 표면의
털 밑에 짙은 색의 하피(下皮)가 있다. 포자는 5~8×1.5~2.5μm로 원통형
이고, 표면은 평활하고 비아밀로이드이며, 포자문은 백색이다. 봄부터 가
을에 걸쳐 침엽수, 활엽수의 고목 또는 그루터기, 등걸에 수십 내지 수백
개가 중생형(重生形)으로 군생한다.

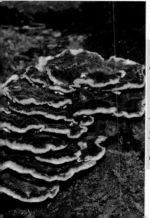

약용, 식용여부

약용으로 사용하며 성분은 유리아미노산 18종, 항그람
양성균(Staphylococcus aureus), 항염증, 보체활성,
면역 효과, 콜레스테롤 저하, 혈당 증가억제. 적응증으
로는 B형 간염, 천연성 간염, 만성활동성 간염, 만성 기
관지염, 간암의 예방과 치료, 소화기계 암, 유암, 폐암
이 있다.

수실노루궁뎅이(산호침버섯, 산호침버섯아재비)

산호침버섯과의 버섯
Hericium coralloides(Scop.) Pers.

분포지역

한국(북한산), 북아메리카, 유럽

서식장소/ 자생지

침엽수의 고목, 그루터기, 줄기

크기

자실체크기 직경 10~20㎝, 침의 길이 1~6mm

생태와 특징

여름에서 가을에 걸쳐 침엽수의 고목, 그루터기, 줄기위에 단생한다. 산호모양으로 분지하고, 가지를 옆으로 분지하며 무수히 많은 침을 내리뜨린다. 자실체크기 직경 10~20㎝, 침의 길이 1~6mm이다. 자실체 조직은 백색또는 크림색으로 부드러운 육질로, 자실체표면은 전체가 백색이며, 건조하면 황적색~적갈색으로 변한다.

자실층은 침모양의 자실체 표면에 분포하고, 기부는 가지가 크나 상단은소형 가지가 침으로 분지, 기부는 서로 융합하여 자실체 덩어리 형성, 백색, 건조하면 담황갈색 내지 갈색으로 변한다. 포자특징 유구형이고, 표면은 미세한 돌기가 분포한다.

약용, 식용여부

식용과 약용이다.

66

노루궁뎅이

민주름버섯목 산호침버섯과 산호침버섯속
Hericium erinaceus (Bull.) Pers.

분포지역

한국, 북반구 온대 이북

서식장소/ 자생지

활엽수의 줄기

크기

지름 5~20cm

생태와 특징

여름에서 가을까지 활엽수의 줄기에 홀로 발생하며, 부생생활을 한다. 노루궁뎅이의 지름은 5~20cm 정도로 반구형이다. 윗면에는 짧은 털이 빽빽하게 나 있고, 전면에는 길이 1~5cm의 무수한 침이 나 있어 고슴도치와 비슷해 보인다. 처음에는 백색이나 성장하면서 황색 또는 연한 황색으로 된다. 조직은 백색이고, 스펀지상이며, 자실층은 침 표면에 있다. 포자문은 백색이며, 포자모양은 유구형이다.

약용, 식용여부

식용과 약용이고 항암 버섯으로 이용하며, 농가에서 재배도 한다.

긴수염버섯

수염버섯과의 버섯
Mycoleptodonoides aitchisonii

분포지역

한국, 일본

서식장소 / 자생지

죽은 활엽수

크기

갓 3~8×3~10cm

생태와 특징

여름에서 가을까지 죽은 활엽수에 자란다. 자실체는 자루가 없고 살이 부드럽지만 건조하면 단단해진다. 갓은 3~8×3~10cm로 부채 또는 주걱 모양을 하고 있다. 갓 표면은 흰색이거나 연한 노란색이며 밋밋하고 가장자리는 이빨 모양이다. 살은 두께 2~5mm이며 흰색이고 특유의 향기가 있지만 건조하면 향기는 사라진다. 갓 아랫면의 자실층막은 바늘 모양이며 바늘은 길이 3~10mm로 날카롭고 건조하면 등황색으로 변한다. 포자는 2~2.5×5~6.5㎛이며 곱창처럼 생겼고 무색으로 매끈하다. 목재에 흰색 부패를 일으킨다.

약용, 식용여부

식용할 수 있다.

흰턱수염버섯

담자균류 민주름버섯목 턱수염버섯과의 버섯
Hydnum repandum var. album

분포지역

한국, 북한, 일본 등 전세계

서식장소 / 자생지

혼합림의 땅

크기

버섯 갓 지름 2~10cm, 버섯 대 굵기 0.5~2cm, 길이 2~7cm

생태와 특징

여름에서 가을까지 혼합림의 땅에 무리를 지어 자란다. 버섯 갓은 지름 2~10cm이고 비틀린 원형이며 물결치듯이 모양이 일정하지 않다. 갓 표면은 흰색이며 밋밋한 편이다. 살은 연한 육질이며 잘 부서진다. 갓 아랫면의

침은 길이 1~5mm이고 흰색이며 내린주름살이다. 버섯 대는 굵기 0.5~2cm, 길이 2~7cm이고 비뚤어진 원기둥 모양이며 속이 차 있다. 홀씨는 7~9×6~7μm이고 공 모양에 가까우며 색이 없다.

약용, 식용여부

식용할 수 있다.

69

좀나무싸리버섯

나무싸리버섯과 나무싸리버섯속
Artomyces pyxidatus(Pers.) Julich

분포지역

한국, 아시아, 유럽, 북아메리카

서식장소/ 자생지

침엽수의 썩은 나무, 그루터기 위

크기

자실체는 높이 5~13cm, 너비 5~12cm

생태와 특징

 자실체는 높이 5~13cm, 너비 5~12cm로, 대 모양의 기부에서 나온 몇 개
의 가지가 U자형으로 반복적으로 분기하여 산호형을 이루며, 상단부는
3~6개의 돌기로 갈라져 왕관 모양을 형성한다. 가지는 담황갈색에서 적갈
색이 되며, 오래되면 거무스름해진다. 조직은 백색이며 질기지만, 건조하
면 단단해진다. 포자는 4~5×2~3㎛로 타원형이며, 표면은 평활하고, 아
밀로이드이며, 포자문은 백색이다. 여름~가을에 주로 침엽수의 썩은 나
무, 그루터기 위에 군생하는 목재부후균이다. 한국, 아시아, 유럽, 북아메
리카에 분포한다.

약용, 식용여부

식용 가능한 버섯이나, 설사를 일으킬 수 있다.

자주싸리국수버섯

국수버섯과 국수버섯속의 버섯
Clavaria zollingeri

분포지역

한국 (한라산, 속리산), 중국, 일본, 동남아, 호주, 유럽, 북미

서식장소 / 자생지

숲 속의 땅

크기

자실체의 높이 15~75mm

생태와 특징

늦여름, 가을에 걸쳐 숲 속의 땅 위에 무리 지어 난다. 자실체의 높이는
1.5~7.5cm이고, 산호형이다. 자실체는 위쪽으로 자라면서 여러 개의 분지
가 계속 반복 형성되며 Y자 모양으로 갈라진다. 표면은 매끈하거나 다소
미세한 분말이 있으며 옅은 자주색이나, 진한 자주색,
회색 등 여러 색을 띤다. 살은 부서지기 쉽고 표면과 같
은 색이며, 마르면 누런색으로 변한다. 맛은 부드럽다.
홀씨는 크기가 4.7~6.5×4.1~4.5μm으로 광타원형이고
매끄러우며 비아미로이드반응이다.

약용, 식용여부

식용할 수 있다.

한국의 식용버섯

분포지역

전세계

서식장소 / 자생지 숲 속의 흙, 부식물 많은 야외

크기 자실체 높이 3~12cm, 나비 3~5mm

생태와 특징

　가을에 숲속의 흙이나 부식물이 많은 야외에서 자란다. 자실체는 높이 3
~12cm로 고립 자실체이고, 때로는 군생을 하며 3~6개체가 서로 달라붙
어서 나기도 한다. 표면은 흰색이나 나중에 연한 노란색으로 되고 편평하
나 홈으로 된 줄이 있다. 살은 연하여 쉽게 부서진다. 나비는 3~5mm이고
원통형이나 성숙하면서 양끝이 뾰족한 원기둥 모양으로 변한다. 자루는 짧
아서 잘 구별되지 않으며, 약간의 흔적이 있을 정도이다. 살 부위의 균사는
나비가 3~16μm이며 균반(菌盤)은 없다. 자실층(子實層)은 얇고 담자병(擔
子柄)은 4개의 작은 자루가 있어서 4개의 담포자(擔胞子)를 생성한다. 포
자는 타원형 또는 가지 모양이며 작은 주둥이가 있다. 표면은 빛깔이 없고
편평하며 포자무늬는 흰색이다.

약용, 식용여부

식용할 수 있다.

72

볏싸리버섯

담자균문 꾀꼬리버섯목 볏싸리버섯과 볏싸리버섯속의 버섯
Clavulina coralloides (L.) Schroet.

분포지역

한국, 일본 등 온대지방

서식장소/ 자생지 산림의 토양 위

크기 자실체는 높이 2.5~8cm

생태와 특징

여름에서 가을까지 산림의 토양 위에 무리를 지어 자란다. 자실체는 높이 2.5~8cm로 가지가 많지만 1개만 있는 경우도 있다. 줄기는 보통 뚜렷하고 끝은 날카로우며 닭의 볏 모양인데, 흰색 또는 노란색이다. 줄기는 높이 0.5~3cm이고 가지는 여러 번 교차하며, 아랫부분은 2번 교차한다. 때로는 단일 균사가 있고, 편평하거나 돌기가 나 있다.

살은 질기고 가벼우며 가끔 가운데에 구멍이 있으나, 말리면 흰색으로 변한다. 자실층은 두껍고 담자세포는 40~60×6~8㎛이며 2개의 작은 자루가 있다. 홀씨는 7~11×6.5~10㎛의 공 모양으로 작고 두꺼우며 기름방울이 한 개 있다. 구린 냄새가 나지만 식용할 수 있다. 한국, 일본 등 온대지방에 널리 분포한다.

약용, 식용여부

식용할 수 있다.

붉은방망이싸리버섯

진정담자균강 민주름버섯목 방망이싸리버섯과 방망이싸리버섯속
Clavariadelphus ligula (Schaeff.:Fr.) Donk

한국의 식용버섯

분포지역

한국, 일본, 유럽, 북아메리카

서식장소/ 자생지

숲속의 땅

크기

자실체 높이 3~10cm

생태와 특징

여름부터 가을까지 숲 속의 땅에 무리를 지어 자란다. 자실체는 높이 3~10cm로 막대 또는 방망이 모양인데, 끝이 굵고 둔하거나 약간 날카롭다. 갓 표면은 연한 누런 갈색 또는 분홍색을 띤 연한 잿빛 갈색으로 밋밋하다. 살은 흰색이고 해면질과 비슷한 육질이다. 홀씨는 8~15×3~6μm로 밋밋한 타원 모양이다. 독은 없다. 한국(지리산), 일본, 유럽, 북아메리카 등에 분포한다.

약용, 식용여부

식용할 수 있다.

74

싸리버섯

담자균문 균심아강 민주름버섯목 싸리버섯과 싸리버섯속
Ramaria botrytis (Pers.) Ricken

분포지역

한국, 오스트레일리아, 유럽, 북아메리카

서식장소/ 자생지

침엽수림, 활엽수림내 땅 위

크기 자실체 높이 7~12cm, 너비 4~15cm, 하반부 굵기 3~5cm

생태와 특징

여름부터 가을에 침엽수림, 활엽수림내 땅 위에 난다. 자실체는 높이 7~12
cm, 너비 4~15cm, 하반부는 굵기 3~5cm인 흰 토막과 같은 자루로 되며, 위
쪽에서 분지를 되풀이 한다. 가지는 차차 가늘고 짧게 되며 끝은 가늘고 작
은 가지의 집단으로 되어, 위에서 보면 꽃배추모양이다. 가지의 끝은 담홍
색~담자색으로 아름답다. 끝을 제외하고는 희나 오래
되면 황토색이 된다. 살은 백색이며 속이 차 있다. 포자
는 14~16×4.5~5.5μm로 긴 타원형이고 표면에 세로로
늘어선 작은 주름이 있으며, 포자문은 담황백색이다.

약용, 식용여부

식용가능하며, 약용으로는 항종양, 항돌연변이, 항산
화, 간 손상보호 작용이 있다.

꾀꼬리버섯

담자균류 민주름버섯목 꾀꼬리버섯과의 버섯
Cantharellus cibarius

분포지역

한국(월출산, 속리산, 모악산, 지리산), 일본 등 북
반구 온대 지방

서식장소 / 자생지 활엽수림과 침엽수림의 숲 속 땅

크기 자실체 높이 3~18cm, 갓 지름 3~8cm, 버섯 대 길이 3~8cm

생태와 특징

여름에서 가을까지 활엽수림과 침엽수림의 숲 속 땅에 무리를 지어 자란
다. 전체적으로 선명한 노란색이며 자실체는 높이가 3~18cm에 이른다. 버
섯 갓은 지름이 3~8cm이고 가운데가 오목하며 형태는 불규칙하게 뒤틀린
다. 갓 가장자리는 얕게 갈라지며 물결 모양이고 표면은 매끄럽다. 살은 두
껍고 연한 노란색이며 육질이다. 뒷면은 방사상으로 주름이 잡혀 있고 버
섯 대가 있다. 버섯 대는 길이 3~8cm이며 굵기는 일정치 않고 아래쪽으로
갈수록 가늘어진다. 버서대의 속은 차 있으며 표면은 편평하고 미끄럽다.
홀씨는 길이 7.5~10μm, 나비 5~6μm로 무색의 타원형이며 홀씨 무늬는 크
림색이다. 균근을 형성하는 것으로 알려져 있다.

약용, 식용여부

살구와 비슷한 향기가 나고 맛이 좋아 유럽, 미국에서는 인기 있는 식용버
섯의 하나로 통조림으로 가공해 시판도 하고 있다.

애기꾀꼬리버섯

담자균류 민주름버섯목 꾀꼬리버섯과의 버섯
Cantharellus minor

분포지역

한국, 일본, 미국 등지

서식장소 / 자생지 숲 속의 나무 밑 땅 위

크기 버섯 갓 지름 1.5~2cm, 버섯 대 길이 2~3cm

생태와 특징

여름에서 가을까지 숲 속의 나무 밑 땅 위에 자란다. 버섯 갓은 지름
1.5~2cm로 처음에 둥근 산 모양이다가 나중에는 편평해지거나 모양이 불
규칙해지며 가운데가 파인 것도 있다. 갓 표면은 등황색 또는 적황색으로
밋밋하며 가장자리가 안으로 감기거나 위로 뒤집히기도 하고 톱니가 없다.
살은 육질로서 연한 노란색이고 부드러운 맛이 난다. 주름살은 내린주름살
로 갓 표면과 색이 같다. 버섯 대는 길이 2~3cm로 원통
모양이며 위아래의 굵기가 같거나 아래쪽이 더 가늘다.
버섯 대 표면은 밋밋하고 오렌지색 또는 노란색이다.
홀씨는 7~7.5×4.5㎛로 타원 모양이나 거꾸로 선 달걀
모양이고 밋밋하다. 홀씨 무늬는 노란색이다.

약용, 식용여부

식용할 수 있다.

나팔버섯

담자균류 무엽편버섯목 나팔버섯과의 버섯
Gomphus floccosus

분포지역

한국(오대산, 월출산, 변산반도국립공원, 속리산),
일본, 동북아시아, 북아메리카

서식장소 / 자생지

침엽수림의 땅

크기

자실체 높이 10~20㎝, 버섯 갓 지름 4~12㎝

생태와 특징

여름부터 가을까지 침엽수림의 땅에 무리를 지어 자란다. 자실체의 높이
는 10~20㎝에 이르는데, 버섯 갓은 지름 4~12㎝이고 처음에 뿔피리 모양
이다가 자라면서 깊은 깔때기 또는 나팔 모양으로 변하며 가운데는 뿌리부
근까지 파인다. 갓 표면은 황토색 바탕에 적홍색 반점이 있고 위로 뒤집힌
큰 비늘조각이 있다. 살은 흰색이다. 자실층면은 세로로 된 내린주름살로
서 노란빛을 띤 흰색 또는 크림색이다.

버섯 대는 붉은색의 원통 모양으로 속이 비어 있다. 홀씨는 12~16×
6~7.5㎛의 타원형으로 표면이 보통 밋밋하다. 홀씨 무늬는 크림색이다.

약용, 식용여부

식용할 수 있다.

뿔나팔버섯

담자균류 민주름버섯목 꾀꼬리버섯과의 버섯
Craterellus cornucopioides

분포지역

한국, 일본 등 전세계

서식장소 / 자생지

활엽수림 또는 혼합림 속의 부엽토

크기

버섯 갓 지름 1~5㎝, 버섯 높이 5~10㎝

생태와 특징

여름부터 가을에 걸쳐 활엽수림 또는 혼합림 속의 부엽토에 뭉쳐서 자란
다. 버섯 갓은 지름 1~5㎝이고 버섯의 높이는 5~10㎝이며 나팔 모양 또는
깊은 깔때기 모양이며 가운데가 버섯 대의 기부까지 비어 있다. 갓 표면은
검은색 또는 흑갈색이며 비늘조각으로 덮여 있다. 갓의
가장자리는 고르지 않은 물결 모양이며 얇게 찢어진다.
살은 연한 회색이며 얇다. 버섯 대는 세로 주름이 있고
속이 비어 있다. 자실층은 표면에 생긴다. 포자는
11~13×6~8㎛로 넓은 긴 타원형이며 밋밋하다.

약용, 식용여부

식용할 수 있고 말려서 장기간 보관한다.

등색주름버섯

담자균류 주름버섯목 주름버섯과의 버섯
Agaricus abruptibulbus

분포지역

한국(지리산), 북미, 유럽

서식장소 / 자생지

활엽수림, 대나무밭 등의 혼합림 속 땅 위

크기

버섯 갓 지름 5~11cm, 버섯 대 9~13×1~1.5cm

생태와 특징

여름에서 가을까지 활엽수림, 대나무밭 등의 혼합림 속 땅 위에 자란다. 버섯 갓은 지름 5~11cm로 달걀 모양 또는 호빵 모양이다가 편평해진다. 갓 표면은 비단 광택이 나고 흰색 또는 연한 노란색으로 다른 것에 닿은 부분에 노란색 얼룩이 생긴다. 살은 흰색이고 공기 중에 오래 두면 노란색을 조금 띤다. 주름살은 먼주름살로 촘촘하고 처음에 흰색이다가 홍색을 거쳐 마지막에 자갈색이 된다. 버섯 대는 9~13×1~1.5cm로 기부가 불룩하고 흰색 또는 오렌지색을 띠고 속이 비어 있다. 버섯 대의 고리는 큰 편이고 흰색 또는 연한 노란색으로 막질이며 아랫면에 솜털처럼 생긴 것이 달려 있다. 홀씨는 타원형이고 6.5~7.5×3.5~5.2μm이다.

약용, 식용여부

식용할 수 있다.

흰주름버섯

담자균류 주름버섯목 주름버섯과의 버섯
Agaricus arvensis

분포지역

한국, 북한(백두산), 영국, 북아메리카

서식장소 / 자생지 숲 속, 대나무밭 등의 땅

크기 버섯 갓 지름 8~20cm, 버섯 대 굵기 1~3cm, 길이 5~20cm

생태와 특징

북한명은 큰들버섯이다. 여름부터 가을까지 숲 속, 대나무밭 등의 땅에서 무리를 지어 자라거나 한 개씩 자란다. 버섯 갓은 지름 8~20cm이고 처음에 둥근 산 모양이다가 나중에 편평해진다. 갓 표면은 크림빛을 띤 흰색이나 연한 누런 흰색이고 밋밋하며 가장자리에는 턱받이가 갈라진 조각이 붙어 있다. 살은 처음에 흰색이지만 나중에 노란색으로 변한다. 주름살은 떨어진주름살이고 촘촘하며 흰색이다가 잿빛 홍색으로 변하고 나중에 검은 갈색으로 변한다. 버섯 대는 굵기 1~3cm, 길이 5~20cm이고 뿌리부근이 불룩하며 속은 비어 있다. 버섯 대 표면은 크림 빛을 띤 흰색이지만 접촉하면 노란색이 된다. 홀씨는 7.5~10×4.5~5μm이고 타원 모양이며 홀씨 무늬는 자줏빛 갈색이다.

약용, 식용여부

식용할 수 있다.

숲주름버섯

담자균류 주름버섯목 주름버섯과의 버섯
Agaricus silvaticus

분포지역

한국, 일본, 중국, 영국, 유럽, 북아메리카

서식장소 / 자생지

침엽수림의 낙엽층 속의 땅

크기

버섯 갓 지름 4~8cm, 버섯 대 굵기 8~15mm, 길이 6~10cm

생태와 특징

북한명은 숲들버섯이다. 여름과 가을에 침엽수림의 낙엽층 속의 땅에 무리를 지어 자란다. 버섯 갓은 지름 4~8cm로 처음에 둥근 산 모양이다가 나중에 편평해지며 가운데에서 가장자리까지 방사상 비늘이 있다. 갓 표면은 가운데가 갈색이고 가장자리가 푸른빛을 띤 흰색이다. 살은 흰색이고 자르면 붉은색이 된다. 주름살은 끝붙은주름살로 처음에 분홍색이다가 검은 갈색으로 변한다. 버섯 대는 굵기 8~15mm, 길이 6~10cm로 흰색이고 아랫부분에 굵은 비늘이 있으며 속이 비어 있다. 홀씨는 5.5×4μm로 타원형이며 표면이 자갈색이고 밋밋하다.

약용, 식용여부

식용할 수 있지만, 많이 섭취하면 위장 장애가 있다.
식용할 때는 독성을 우려내야 한다.

주름버섯

담자균류 주름버섯목 주름버섯과의 버섯
Agaricus campestris

분포지역

한국, 일본, 중국, 시베리아, 유럽, 북아메리카, 호주, 아프리카

서식장소 / 자생지 풀밭이나 밭

크기 버섯 갓 지름 5~10cm, 버섯 대 크기 5~10cm×7~20mm

생태와 특징

북한명은 들버섯이다. 여름부터 가을까지 풀밭이나 밭에 무리를 지어 자라며 가끔 균륜(菌輪)을 만든다. 버섯 갓은 지름 5~10cm로 공 모양에서 빵 모양을 거쳐 편평해진다. 갓 표면은 흰색이지만 노란색 또는 붉은색을 띠고 비단실 같은 광택이 있으며 가장자리는 어릴 때 안쪽으로 감긴다. 살은 두껍고 흰색인데 흠집이 생기면 약간 붉은색을 띤다. 주름살은 끝붙은주름

살로 촘촘하며 처음에 보라색이다가 자갈색 또는 흑갈색으로 변한다. 버섯 대는 크기가 5~10cm×7~20mm로 기부가 가늘다. 버섯 대 표면은 흰색이며 손으로 만지면 갈색으로 변한다. 고리는 자루 상부 또는 중간에 붙어 있고 얇은 흰색 막질인데 쉽게 떨어진다.

약용, 식용여부

식용할 수 있다.

숲긴대들버섯

담자균류 주름버섯목 들버섯과의 버섯
Agaricus silvicola

분포지역

북한, 일본, 중국, 유럽, 북아메리카

서식장소 / 자생지 나무숲 속의 땅

크기 버섯 갓 지름 5~12cm, 버섯 대 지름 0.6~1.5cm, 길이 6~15cm

생태와 특징 여름에서 가을까지 나무숲 속의 땅에 한 개씩 자란다. 버섯 갓
은 지름 5~12cm로 어릴 때는 둥글다가 차차 만두 모양으로 변한다. 갓 표
면은 흰색 또는 젖빛 흰색을 띠며 가운뎃부분 또는 흠집이 생기면 연한 누
런색으로 변하고 건조하면 진한 누런색으로 변한다. 또 밋밋하고 윤기가
나며 섬유 모양의 비늘 또는 섬유가 조금 있다. 갓 가장자리는 안으로 감긴
다. 살은 두껍고 흠집이 생기면 누런색으로 변한다. 주름살은 끝붙은주름
살로 촘촘하고 폭이 좁으며 처음에 연한 살구색 또는 연한 보라색이지만
나중에 보라빛 밤색으로 변한다. 버섯 대는 지름 0.6~1.5cm, 길이 6~15cm
로 위쪽이 조금 더 가늘고 밑 부분은 둥근 뿌리모양이다. 버섯 대 표면은
처음에 흰색이다가 나중에 누런빛 밤색으로 변하고 밋밋하며 속이 비어 있
다. 홀씨는 6~7×3~4µm의 타원형이고 표면이 밋밋하며 보랏빛 밤색이다.
홀씨 무늬는 어두운 밤색이다.

약용, 식용여부

식용할 수 있다. 맛과 냄새가 좋다.

낙엽송주름버섯

진정담자균강 주름버섯목 주름버섯과 주름버섯속
Agaricus excelleus (Moeller) Moeller

분포지역

한국(지리산), 유럽

서식장소/ 자생지

숲속의 땅에 군생

크기

자실체크기 10~15cm, 대길이 10~14cm

생태와 특징

여름에 숲속의 땅에 군생하며, 자실체형태는 둥근산 모양이다. 자실체크기 10~15cm로, 자실체조직은 백색이나 핑크색으로 되며, 두껍다.

자실체표면 백색이고 비단결이며 가운데에 약간 노란색이다. 미세한 섬유

상 이편이 있다. 자실층은 회홍색이고 밀생하며 떨어진 주름살이다. 대 길이는 10~14cm이고 백색이고 턱받이는 백색이다. 포자는 타원형이고 9~12 x 5~7μm이다.

약용, 식용여부

식용가능하다.

진갈색주름버섯

담자균류 주름버섯목 주름버섯과의 버섯

Agaricus subrutilescens

분포지역

한국, 일본, 중국, 북아메리카

서식장소 / 자생지

숲 속의 땅 위

크기

버섯 갓 지름 7~20㎝, 버섯 대 높이 9~20㎝

생태와 특징

여름에서 가을까지 숲 속의 땅 위에 무리를 지어 자라거나 한 개씩 자란
다. 버섯 갓은 지름 7~20㎝이고 호빵 모양이다가 나중에 편평해진다. 갓
표면은 자갈색 또는 연한 홍백색의 섬유로 덮여 있다가 비늘조각이 남고
연한 홍백색의 바탕이 나타나며 가운뎃부분은 어두운 갈색이다. 살은 처음
에 흰색이지만 나중에 자줏빛 갈색으로 변한다. 주름살은 떨어진주름살이
고 홍색이다가 검은 갈색으로 변한다. 버섯 대는 높이 9~20㎝이고 아래로
갈수록 굵어진다. 버섯 대 표면은 윗부분이 연한 홍색이고 아랫부분이 흰
색이면서 솜털 비늘조각이 있다. 버섯 대에 있는 고리는 흰색이다.

약용, 식용여부

식용버섯이나 개인에 따라 강한 위통을 일으킬 수 있기 때문에 주의가 필
요하다.

볏짚버섯

담자균류 주름버섯목 소똥버섯과의 버섯
Agrocybe praecox

분포지역

한국(지리산) 등 북반구 온대 일대와 아프리카

서식장소 / 자생지 황무지, 맨땅, 풀밭

크기 버섯 갓 지름 4~8cm, 버섯 대 길이 5~10cm, 지름 0.7~1cm

생태와 특징

북한명은 가락지밭버섯이다. 초여름에 황무지, 맨땅, 풀밭에 뭉쳐서 자란
다. 버섯 갓은 지름 4~8cm로 처음에 둥근 산 모양이다가 나중에 편평해진
다. 갓 표면은 크림색 또는 짚색이고 밋밋하며 가장자리에는 작은 비늘조
각이 붙어 있다. 살은 흰색이고 두꺼운 육질이다. 주름살은 바른주름살로
촘촘하게 폭이 넓으며 처음에 누런 흰색이다가 어두운 갈색으로 변한다.

버섯 대는 길이 5~10cm, 지름 0.7~1cm이며 위아래의
굵기는 같다. 버섯 대 윗부분은 흰색이고 아랫부분은
갓과 색이 같으며 윗부분에 턱받이가 있다. 홀씨는
7.5~9×4.5~5µm의 달걀 모양 타원형이고 매끈하다.
발아공은 명확하다.

약용, 식용여부

식용할 수 있다.

버들볏짚버섯

진정담자균강 주름버섯목 소똥버섯과 볏짚버섯속,
Agrocybe cylindracea (DC.:Fr.) Maire

한국의 식용버섯

분포지역

한국, 유럽

서식장소/ 자생지

활엽수림의 죽은 줄기나 살아 있는 나무의 썩은 부분

크기

균모의 지름은 5~10cm

생태와 특징

봄부터 가을 사이에 활엽수림의 죽은 줄기나 살아 있는 나무의 썩은 부분
에 뭉쳐서 나며 부생생활을 한다. 북한명은 버들밭버섯이다. 흔히 버들송이
라고도 하며 송이버섯류로 착각하기 쉽지만 소나무와 공생하는 송이와는
다른 버섯이다. 균모의 지름은 5~10cm이고 둥근 산 모양에서 편평해진다.
표면은 매끄럽고 황토 갈색(가장자리는 연한 색)이며 얕은 주름이 있다. 살
은 백색이다. 주름살은 바른주름살로 밀생한다. 자루의 길이는 3~8cm, 굵
기는 0.5~1.2cm로 섬유상의 줄무늬 선을 나타낸다. 백색이며 밑은 탁한 갈
색이고 방추형으로 부풀어 있다. 턱받이는 막질이며 자루 위쪽에 있다. 표
면은 섬유상으로 거의 백색이고 아래는 나중에 칙칙한 갈색이 된다.

약용, 식용여부

식용할 수 있다. 항암버섯이며, 인공 재배도 가능하다.

보리볏짚버섯

담자균류 주름버섯목 소똥버섯과의 버섯
Agrocybe erebia

분포지역

한국 등 북반구 온대 일대 및 오스트레일리아

서식장소 / 자생지 숲 속, 정원 속의 땅

크기 버섯 갓 지름 2~7cm, 버섯 대 길이 3~6cm, 굵기 4~10mm

생태와 특징

여름부터 가을까지 숲 속, 정원 속의 땅에 뭉쳐서 자라거나 무리를 지어 자란다. 버섯 갓은 지름 2~7cm로 처음에 둥근 산 모양이다가 나중에 편평해지며 가운데가 봉긋하다. 갓 표면은 축축할 때 점성이 있고 잿빛 흰색이며, 가장자리에 줄무늬가 나타나고 건조하면 줄무늬가 없어지면서 연한 육계갈색으로 변한다. 주름살은 바른주름살 또는 내린주름살로 성기다.

버섯 대는 길이 3~6cm, 굵기 4~10mm이며 섬유처럼 보이는데 윗부분은 흰색이고 아랫부분은 탁한 갈색이다. 버섯 대의 턱받이는 막질이며 버섯 대 위쪽에 있고 속이 차 있거나 비어 있다. 홀씨는 10.5~15×6~7㎛로 타원형이고 발아공이 뚜렷하지 않다.

약용, 식용여부

식용할 수 있다.

점박이광대버섯

광대버섯과 광대버섯속
Amanita ceciliae (Berk. & Br.) Bas

분포지역

한국, 일본, 중국, 유럽 및 미국

서식장소/ 자생지

숲속지상

크기

지름 5~12.5cm, 자루 5~15cm×1~1.5cm

생태와 특징

 잿빛광대버섯이라고도 한다. 여름과 가을에 숲속 지상에 발생한다. 갓은 처음에는 반구형이지만 편평하게 펴지며 지름 5~12.5cm이다. 표면은 황갈색에서 암갈색이고 끈기가 있으며 회흑색의 사마귀점이 많이 붙어 있다. 갓 둘레에는 방사상의 홈줄이 있다. 주름살은 백색이다.

 자루는 5~15cm×1~1.5cm이고, 표면은 회색의 가루 모양 또는 섬유 모양의 인피로 뒤덮여 있다. 자루테가 없고 자루 밑동에는 회흑색의 주머니의 흔적이 고리 모양으로 붙어 있다. 포자는 구형이며 포자무늬는 백색이다.

약용, 식용여부

 식용하나, 설사 등의 위장 장애를 일으킨다. 약용으로는 습진 치료에 도움이 된다고 한다.

90

달걀버섯

담자균류 주름버섯목 광대버섯과의 버섯
Amanita hemibapha

분포지역

한국, 일본, 중국, 스리랑카, 북아메리카

서식장소 / 자생지

활엽수와 전나무 숲 속의 흙

크기 버섯 갓 지름 5.5~18cm, 버섯 대 높이 10~17cm, 굵기 0.6~2cm

생태와 특징

제왕(帝王)버섯이라고도 한다. 여름부터 가을까지 활엽수와 전나무 숲 속의 흙에 무리를 지어 자란다. 버섯 갓은 지름 5.5~18cm로 둥근 산 모양이다가 편평해지며 가운데가 튀어나온다. 갓 표면은 밋밋하지만 점성이 약간 있고 누런빛을 띤 짙은 붉은색으로 가장자리에는 방사상의 줄무늬 홈선이

있다. 살은 연한 노란색이며 주름살은 끝붙은주름살로 노란색이다. 버섯 대는 높이 10~17cm, 굵기 0.6~2cm이며 표면이 황갈색으로 얼룩 무늬가 있다. 버섯 대주머니는 흰색 막질의 주머니 모양이다. 홀씨는 7.5~10×6.5~7.5㎛로 넓은 타원형 또는 공 모양이다.

약용, 식용여부

식용할 수 있다.

뽕나무버섯

담자균문 균심아강 주름버섯목 송이과 뽕나무버섯속
Armillaria mellea (Vahl) P. Kumm.

분포지역
한국(발왕산, 한라산), 북한(백두산) 등 전세계

서식장소/ 자생지
활엽수와 침엽수의 그루터기, 풀밭 등

크기
갓 지름 3~15㎝

생태와 특징
북한명은 개암버섯이다. 여름에서 가을까지 활엽수와 침엽수의 그루터기, 풀밭 등에 무리를 지어 자란다. 버섯갓은 지름 4~15㎝로 처음에 반구 모양이다가 나중에는 거의 편평하게 펴지지만 가운데가 조금 파인다. 갓 표면은 황갈색 또는 갈색이고 가운데에 어두운 색의 작은 비늘조각이 덮고 있으며 가장자리에 방사상 줄무늬가 보인다. 살은 흰색 또는 노란색을 띠며 조금 쓴맛이 난다. 주름살은 바른주름살 또는 내린주름살로 약간 성기고 폭이 넓지 않으며 표면은 흰색이지만 연한 갈색 얼룩이 생긴다.

약용, 식용여부
우리나라에서는 식용으로 이용해 왔으나 생식하거나 많은 양을 먹으면 중독되는 경우가 있으므로 주의해야 되는 버섯이다. 지방명이 다양해서 강원도지역에서는 가다발버섯으로 부르고 있다.

배불뚝이연기버섯

담자균류 주름버섯목 벚꽃버섯과 연기버섯속의 버섯
Ampulloclitocybe clavipes(Pers.) Redhead, Lutzoni, Moncalvo&Vilgalys

분포지역

북반구 온대 이북

서식장소/ 자생지

숲속의 땅 위

크기 균모 지름 2.5~7cm

생태와 특징

봄, 가을에 각종 숲속의 땅 위에 군생 또는 단생한다. 균모는 지름 2.5~7
cm로 편평하게 되며 주름살이 긴 내린주름살이기 때문에 전체가 거꾸로 된
원추형이다. 표면은 매끄럽고 회갈색이며 중앙부는 암색이고, 주변부는 안
쪽으로 세게 감긴다. 주름살은 백~담크림색이며 내린주름살이다. 자루는
길이 3~6cm로 아래쪽으로 갈수록 부풀고, 균모보다 담
색이며 속이 차 있다. 포자는 타원형이고 지름
5~7x3~4µm이나, 이상형은 11x5.5µm이다.

약용, 식용여부

식용하나, 알코올과 함께 섭취하면 두엄먹물버섯과 같
이 안면홍조, 구토, 현기증, 두통, 심장이 두근거림이
있다. 버섯 섭취 3~4일 후에 술을 마셔도 증상이 나타
난다. 독성분은 코푸린(coprine) 때문이다.

무리벚꽃버섯

담자균류 주름버섯목 벚꽃버섯과의 버섯
Camarophyllus pratensis

분포지역

한국(방태산, 가야산) 등 북반구 일대 및 남아메리카

서식장소 / 자생지

풀밭, 숲 속, 대나무밭

크기

버섯 갓 지름 2~7cm, 버섯 대 길이 3~7cm

생태와 특징

북한명은 굴빛갓버섯이다. 여름에서 늦가을까지 풀밭, 숲 속, 대나무밭 등의 땅 위에 자란다. 버섯 갓은 지름 2~7cm이고 어려서는 호빵 모양이다가 차차 퍼지면서 편평해지며 가운데가 불룩하다. 갓 표면은 점성이 없고 연한 붉은빛을 띤 누런색이다. 살은 연한 붉은빛을 띤 누런색이며 두꺼운 편이다. 주름은 버섯 대에 내린주름으로 붙으며 성기고 두껍다. 주름의 색은 갓의 색과 같다. 버섯 대는 길이 3~7cm로 아랫부분이 가늘며 표면이 연한 붉은빛을 띤 누런색이다. 홀씨는 6.5~7.5×4~5μm로 타원형, 달걀 모양이다.

약용, 식용여부

식용할 수 있다.

노랑쥐눈물버섯(노랑먹물버섯, 황갈색먹물버섯)

담자균문 주름버섯목 눈물버섯과 쥐눈물버섯속의 버섯
Coprinellus radians (Desm.) Vilgalys, Hopple & Jacq. Johnson

분포지역

한국(월출산, 모악산, 한라산) 등 북반구 일대

서식장소/ 자생지

나무의 이끼류, 활엽수의 썩은 나무 위

크기

버섯갓 지름 2~3cm, 버섯대 굵기 3~4mm, 길이 2~5cm

생태와 특징

여름부터 가을까지 나무의 이끼류, 활엽수의 썩은 나무에 뭉쳐서 자라거나 무리를 지어 자란다. 버섯갓은 지름 2~3cm로 처음에 달걀 모양이다가 종 모양이나 원뿔 모양으로 변하고 나중에 편평해지며 가장자리는 위로 감

긴다. 갓 표면은 황갈색이고 솜털 모양 또는 껍질 모양의 비늘조각으로 덮여 있으며 가장자리에는 방사상의 줄무늬 홈이 있다. 주름살은 흰색에서 자줏빛을 띤 검은색으로 변한다.

한국(월출산, 모악산, 한라산) 등 북반구 일대에 분포한다.

약용, 식용여부

어린 것은 식용 가능하지만 맛이 없다.

키다리끈적버섯

끈적버섯과의 버섯
Cortinarius livido-ochraceus (Berk.) Berk.

분포지역
한국 등 북반구 온대 이북

서식장소/ 자생지
활엽수림 속의 땅

크기
버섯갓 지름 5~10cm, 버섯대 굵기 1~2cm, 길이 5~15cm

생태와 특징
북한명은 기름풍선버섯이다. 가을철 활엽수림 속의 땅에 한 개씩 자라거
나 무리를 지어 자란다. 버섯갓은 지름 5~10cm이고 처음에 종 모양 또는
끝이 둥근 원뿔 모양이지만 나중에 편평해지며 가운데는 봉긋하다. 갓 표
면은 매우 끈적끈적하고 올리브빛 갈색이나 자줏빛 갈색이며 건조하면 진
흙빛 갈색 또는 황토색으로 변한다. 갓 가장자리에는 홈으로 된 주름이 있
다. 살은 흰색이거나 황토색이다. 주름살은 바른주름살 또는 올린주름살이
고 진흙빛 갈색이다.
한국 등 북반구 온대 이북에 분포한다.

약용, 식용여부
식용할 수 있다. 식용약용이다.

하늘색깔때기버섯

담자균류 주름버섯목 송이과의 버섯
Clitocybe odora

분포지역

한국 등 북반구 온대 이북

서식장소 / 자생지

활엽수림 속의 땅

크기 버섯 갓 지름 3~8cm, 버섯 대 굵기 4~6mm, 길이 3~8cm

생태와 특징

북한명은 하늘빛깔때기버섯이다. 늦여름부터 가을까지 활엽수림 속의 땅에 무리를 지어 자라거나 한 개씩 자란다. 버섯 갓은 지름 3~8cm이고 처음에 둥근 산 모양이다가 가운데가 봉긋하면서 편평해지며 나중에는 가운데가 파인다. 갓 표면은 밋밋하며 회색빛을 띤 녹색 또는 회청록색이다. 살은 흰색이고 표피 아래는 연한 녹색이며 독특한 냄새가 난다. 주름살은 바른주름살 또는 내린주름살이고 처음에 흰색이다가 나중에 연한 노란색 또는 연한 녹색으로 변한다. 버섯 대는 굵기 4~6mm, 길이 3~8cm이고 밑부분이 휘어 있으며 흰색 솜털이 덮고 있다. 버섯 대 표면은 연한 녹색이고 섬유처럼 보인다.

약용, 식용여부

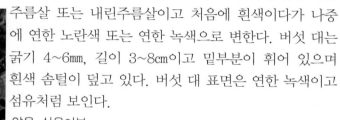

식용할 수 있다.

먹물버섯

담자균류 주름버섯목 먹물버섯과의 버섯
Coprinus comatus

분포지역

한국(지리산, 한라산), 일본, 중국, 시베리아, 북아
메리카, 오스트레일리아, 아프리카

서식장소 / 자생지

풀밭, 정원, 밭, 길가

크기

버섯 갓 지름 3~5cm, 높이 5~10cm, 버섯 대 높이 15~25cm, 굵기 8~15mm

생태와 특징

북한명은 비늘먹물버섯이다. 봄부터 가을까지 풀밭, 정원, 밭, 길가 등에 무리를 지어 자란다. 버섯 갓은 지름 3~5cm, 높이 5~10cm이며 원기둥 모양 또는 긴 달걀 모양이다. 성숙한 주름살은 검은색인데, 버섯갓의 가장자리부터 먹물처럼 녹는다. 버섯 대는 버섯갓에 의해 반 이상에 덮여 있고 높이 15~25cm, 굵기 8~15mm로 고리가 있는데 위아래로 움직일 수 있다. 버섯 대 표면에 연한 회색을 띤 노란색 선이 있다. 홀씨는 12~15×7~8μm로 타원형이다.

약용, 식용여부

어릴 때는 식용할 수 있다.

보라끈적버섯

담자균류 주름버섯목 끈적버섯과의 버섯
Cortinarius violaceus

분포지역

한국, 중국, 유럽, 북아메리카

서식장소 / 자생지 활엽수와 소나무숲의 혼합림

크기 버섯 갓 지름 5~10cm, 버섯 대 6~10×0.7~1.5cm

생태와 특징

북한명은 보라비로도풍선버섯이다. 여름에 활엽수와 소나무 숲의 혼합림
에 여기저기 흩어져 있거나 한 개씩 자란다. 버섯 갓은 지름 5~10cm로 처
음에 반구 모양이다가 나중에 편평해진다. 버섯 대 표면은 짙은 자주색 또
는 푸른빛이 나는 자주색 바탕에 거친 털이 촘촘하게 나 있다. 주름살은 바
른주름살과 비슷하며 짙은 자주색이다. 버섯 대는 6~10×0.7~1.5cm로 아

래쪽이 더 굵어지고 뿌리부근은 둥근 뿌리처럼 되어 있
는 것도 있다. 버섯 대 표면은 버섯 갓과 색이 같으며
살은 자주색이다. 홀씨는 12~16×8~10.5μm로 긴 타원
형 또는 타원형이고 사마귀와 같은 바늘 모양 돌기들이
나 있다.

약용, 식용여부

식용버섯이나 위장장애가 있기 때문에 주의가 필요하
다.

풍선끈적버섯

진정담자균강 주름버섯목 끈적버섯과 끈적버섯속
Cortinarius purpurascens (Fr.) Fr.

분포지역

한국 등 북반구 온대 이북

서식장소/ 자생지

숲속의 땅

크기

버섯갓 지름 3~13cm, 버섯대 굵기 8~13mm, 길이 3~10cm

생태와 특징

　북한명은 풍선버섯이다. 여름부터 가을까지 숲 속의 땅에 무리를 지어 자란다. 버섯갓은 지름 3~13cm이며 처음에 둥근 산 모양이다가 나중에 편평해진다. 갓 표면은 축축할 때 점성이 있고 섬유처럼 보이며 가운데는 갈색이나 황토빛 갈색이지만 가장자리는 연한 색에서 자주색으로 변한다. 살은 연한 자주색이고 맛과 냄새는 없다. 주름살은 올린 주름살이며 처음에 자주색이다가 나중에 검붉은 빛을 띤 누런갈색으로 변하고 흠집이 생기면 자주색이 된다.

　버섯대는 굵기 8~13mm, 길이 3~10cm이고 밑부분이 불룩하다. 한국 등 북반구 온대 이북에 분포한다.

약용, 식용여부

식용할 수 있다.

솜털못버섯(솜털갈매못버섯)

진정담자균강 주름버섯목 못버섯과 못버섯속
Chroogomphus tomentosus(Murrill) O.K.Mill

분포지역

한국, 일본, 북미.

서식장소/ 자생지

침엽수림내 땅 위

크기 갓 지름 2~6cm

생태와 특징

가을에 침엽수림내 땅 위에 단생~군생한다. 갓은 지름 2~6cm로 둥근산모
양에서 편평하게 되고 중앙부가 오목하다. 갓 표면은 인편 또는 솜털모양
의 유모로 덮이며 담황등색~황토색이다. 살은 어두운 등색이다. 주름살은
내린주름살로 성기고 갓과 같은 색인데, 후에 흑갈색이 된다. 자루는 길이
4~17cm로 아래위로 가늘며, 속이 차 있기도 하고 비어
있기도 하다. 자루 표면은 솜털모양 또는 무모 균모와
같은 색이다. 자루의 상부는 섬유상인데 내피막의 잔편
이 얼룩으로 붙어 있으나 곧 없어진다. 포자는 지름
15~25x6~8μm로 타원형~방추형이다.

약용, 식용여부

식용할 수 있다.

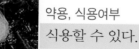

깔때기버섯

담자균류 주름버섯목 송이과의 버섯

Clitocybe gibba

분포지역

한국, 일본, 중국 등 북반구 일대

서식장소 / 자생지

낙엽, 풀밭, 돌틈 사이

크기

버섯 갓 지름 2~10cm, 버섯 대 굵기 5~12cm, 길이 2.5~5cm

생태와 특징

여름에서 가을까지 낙엽, 풀밭, 돌틈 사이에 흩어져 자라거나 무리를 지어
자란다. 버섯 갓은 지름 2~10cm로 어릴 때는 가운데가 오목한 둥근 산 모
양이다가 자라면서 편평해지며 갓 가장자리가 위로 감겨서 깔때기 모양으
로 변한다. 갓 표면은 노란색, 살색, 연한 적갈색 등이며 밋밋하고 가운데
에는 작은 비늘조각이 있다. 살은 흰색으로 얇지만 굳은 편이다. 주름은 내
린주름으로 흰색이고 촘촘하게 나 있다. 버섯 대는 굵기 5~12cm, 길이
2.5~5cm이고 색은 버섯갓과 같거나 좀 더 연하다. 버섯 대의 속은 차 있고
질기며 아랫부분에는 흰색 솜털이 있다.

약용, 식용여부

식용할 수 있지만 실제로 먹는 경우는 드물다.

그늘버섯

담자균류 주름버섯목 외대버섯과의 버섯
Clitopilus prunulus

분포지역

한국(무등산) 등 북반구 일대

서식장소 / 자생지

활엽수림의 흙

크기 갓 지름 3.5~9㎝, 자루 굵기 3~15㎜, 길이 2~5㎝

생태와 특징

여름부터 가을까지 활엽수림의 흙에서 무리를 지어 자라거나 홀로 자란
다. 갓은 지름 3.5~9㎝이고 처음에 둥근 산 모양이다가 편평해지며 더 자
라면 접시 모양으로 변한다. 갓 표면은 회백색으로 축축하면 끈적이고 작
은 가루로 덮여 있으며 갓 가장자리는 안쪽으로 감긴다. 살은 흰색으로 밀
가루 같은 맛과 냄새가 난다. 주름살은 내린주름살이고
흰색에서 연한 살색으로 변한다. 자루는 굵기 3~15㎜,
길이 2~5㎝이며 흰색 또는 회백색이고 자루의 속은 차
있다. 포자는 10~13×5.5~6㎛의 타원 모양 방추형으
로 6개의 세로줄이 있고 횡단면은 6각형이다.

약용, 식용여부

식용할 수 있다.

103

흰보라끈적버섯

담자균류 주름버섯목 끈적버섯과의 버섯
Cortinarius alboviolaceus

분포지역

한국 등 북반구 온대 이북 지역

서식장소 / 자생지

참나무와 소나무가 섞인 혼합림

크기

버섯 갓 지름 3.6~6cm

생태와 특징

　여름에 참나무와 소나무가 섞인 혼합림에 흩어져 있다. 버섯 갓은 지름 3.6~6cm이고 처음에 반구 모양이다가 나중에 편평하게 펴지며 가운데가 봉긋한 것도 있다. 갓 표면은 처음에 은빛의 엷은 자주색이나 푸른빛 자주색이지만 다 자란 다음에 엷은 황토빛 갈색이 나타나며 끈적거림은 없다. 주름살은 거의 바른주름살이고 폭이 좁으며 처음에 자주색이지만 나중에 누런빛을 띤 갈색으로 변한다. 버섯 대는 아랫부분이 더 굵고 뿌리 부근은 둥근뿌리 모양이다. 버섯 대 표면은 버섯 갓 색과 비슷하고 윗부분에 흰색의 거미줄처럼 생긴 막이 있다가 사라진다. 살은 육질로서 거의 흰색이다.

약용, 식용여부

식용할 수 있다.

고깔쥐눈물버섯

담자균문 주름버섯목 눈물버섯과 쥐눈물버섯속의 버섯
Coprinellus disseminatus(Pers.) J.E.Lange

분포지역

한국, 일본, 유럽, 북아메리카.

서식장소/ 자생지

썩은 짚더미 위나 썩은 고목

크기

갓 지름 1.5~2.5cm, 높이 2~3cm

생태와 특징

봄에서 가을에 썩은 짚더미 위나 썩은 고목에 군생 또는 속생한다. 갓은
지름 1.5~2.5cm, 높이 2~3cm로 난형 또는 원주형 후에 종형이 되고, 가장
자리는 째져서 뒤집힌다. 처음에는 백색 솜털모양의 피막으로 덮였으나 후
에 인편이 되어 떨어진다. 갓 표면은 회갈색 또는 회 ㄱ이 되고 방사상의
줄선을 나타낸다. 주름살은 떨어진주름살로 흑색이나 곧 액화한다. 자루는
5~16cmx1.5~7mm로 기부가 부풀거나 방추형으로 표면은 담회색이며 비단
모양 또는 섬유모양으로 속이 비어 있다. 포자는 유구형 또는 난형으로 민
둥하고 큰 발아공이 있으며, 11~12.5x9.6~11μm이다.

약용, 식용여부

식용할 수 있다.

재흙물버섯(재두엄먹물버섯)

담자균문 균심아강 주름버섯목 먹물버섯과 먹물버섯속
Coprinopsis cinerea (Schaeff.) Readhead, Vilg. & Monc.

분포지역

한국, 동남아시아, 북아메리카, 유럽, 오스트레일리아 등

서식장소/ 자생지

퇴비 또는 우분 위

크기

균모 지름 2~5㎝, 높이 1.5~4.5㎝

생태와 특징

봄에서 가을에 퇴비 또는 우분 위에 군생한다. 균모는 지름 2~5㎝, 높이 1.5~4.5㎝로이며 난형 또는 긴 난형 후 종형이 된다. 표면은 회색이고 꼭대기는 갈색인데, qortr 솜털 인피로 덮여 있다가 없어지며 방사상의 선이 있고, 주변부는 불규칙하며 뒤집혀서 액화한다. 주름살은 끝붙은주름살로 밀생하며, 백색에서 흑색이 되며 액화현상이 일어난다. 자루는 지상부의 높이가 3~10㎝이고 백색, 어릴 때는 부드러운 털로 덮여 있으나 차츰 탈락한다. 포자는 타원형이며 7.5~11.5x6~8㎛이다. 포자문은 흑색이다.

약용, 식용여부

어릴 때는 식용한다.

끈적버섯

담자균류 주름버섯목 끈적버섯과의 버섯
Cortinarius praestans(Codier) Gill.

분포지역

한국, 일본, 유럽, 북미

서식장소/ 자생지

활엽수림, 혼생림

크기

5~20cm

생태와 특징

가을에 활엽수림, 혼생림에 단생 또는 군생한다. 균모는 둥근산모양에서 편평형이 되며, 크기 5~20cm로 대형이다. 표면은 솜같은 내피막의 흔적이 많이 붙어 있고, 자주색~황갈색이다. 갓 가장자리에 골이 깊은 주름이 생긴다. 살은 백색이며, 주름살은 바른주름살로 빽빽하며 연자색~적갈색으로 변한다. 자루 길이는 약 5~10cm정도, 굵기가 굵고 탄력이 있다.

약용, 식용여부

식용가능하다.

차양풍선끈적버섯

담자균류 주름버섯목 끈적버섯과의 버섯
Cortinarius armillatus

분포지역

한국, 일본, 유럽, 북아메리카

서식장소 / 자생지

혼합림 속의 땅

크기

버섯 갓 지름 5~10㎝, 버섯 대 9~13×1~1.5㎝

생태와 특징

북한명은 가락지풍선버섯이다. 가을에 혼합림 속의 땅에서 무리를 지어 자라거나 한 개씩 자란다. 버섯 갓은 지름 5~10㎝이고 처음에 반구처럼 생겼다가 나중에 편평해지며 가장자리는 안으로 말린다. 갓 표면은 붉은 벽돌색이고 가운뎃부분은 검은 갈색이며 흰빛을 띤 회갈색의 솜털 비늘이 구불거리면서 버섯 갓 표피에 붙어 있다. 살은 흰색이며 무와 비슷한 매운 맛이 난다. 주름살은 바른주름살이고 성기며 폭이 넓고 갈색 또는 흑갈색이다. 버섯 대는 9~13×1~1.5㎝이고 밑부분이 약간 불룩하다. 홀씨는 9~12×5.5~7.5㎛이고 타원형이며 사마귀처럼 생긴 작은 점이 있다. 홀씨 무늬는 적갈색이다.

약용, 식용여부

식용할 수 있다.

노란띠끈적버섯(노란띠버섯)

담자균류 주름버섯목 끈적버섯과의 버섯
Cortinarius caperatus(Pers.) Fr.

분포지역

한국(한라산)등 북반구 일대

서식장소/ 자생지

숲속의 땅

크기 버섯갓 지름 4~15cm, 버섯대 굵기 7~25mm, 길이 6~15cm

생태와 특징

가을에 숲속의 땅에 단생 또는 군생한다. 자실체는 반구형~난형이었다
가 편평하게 된다. 자실체크기는 4~15cm이고, 표면은 황토색~자주색이
나 백색~자주색 비단 광택이 있는 섬유로 덮였다가 없어지고 방사상의 주
름을 나타낸다. 자실층은 백색에서 녹슨 색이며 바른~올린~끝붙은 주름
살이다.

대길이 6~15cm이고 속은 차 있고 섬유상인데 균모보
다 담색이며 위에 백색의 막질 턱받이가 있고 내피막은
불완전하고 없어진다.

포자는 아몬드형이며 가는 사마귀로 덮여있고, 크기는
11.5~15.5x6.5~8μm이다.

약용, 식용여부

식용약용이다.

두엄흙물버섯(두엄먹물버섯)

담자균류 주름버섯목 먹물버섯과의 버섯
Coprinus atramentarius

한국의 식용버섯

분포지역

전세계

서식장소 / 자생지

정원, 풀밭

크기

버섯 갓 지름 5~8cm, 버섯 대 길이 약 15cm

생태와 특징

봄부터 가을까지 정원, 풀밭 등에 뭉쳐서 자라거나 무리를 지어 자란다. 버섯 갓은 지름 5~8cm로 달걀 모양이다가 원뿔 모양이나 종 모양으로 변하며 가운데가 작은 비늘껍질로 덮여 있다가 후에 거의 평편하고 미끌미끌해진다. 갓 표면은 흰색에서 회색 또는 엷은 회색빛을 띤 갈색으로 변하며 가장자리에는 방사상의 홈으로 된 줄과 주름이 있다. 주름은 처음에는 흰색이나 차차 자줏빛을 띤 회색에서 검은색으로 변하고 액체로 변하여 마침내 버섯 대만 남게 된다. 버섯 대는 길이 약 15cm이고 아래쪽에 자루테가 남아 있기도 하며 흰색이다. 홀씨는 타원 모양으로 평편하고 미끄러우며 발아공이 있다.

약용, 식용여부

식용버섯이지만 코프린 성분이 있어 술과 함께 먹으면 중독된다.

낭피버섯

진정담자균강 주름버섯목 갓버섯과 낭피버섯속
Cystoderma amianthinum (Scop.:Fr.) Fayod

분포지역

한국, 유럽

서식장소/ 자생지

침엽수림의 땅

크기 균모 지름 2~5cm

생태와 특징

북한명은 주름우산버섯이다. 균모에 주름이 있고 턱받이가 쉽게 떨어진다. 여름부터 가을까지 침엽수림의 땅에 무리지어 나며 부생생활을 한다. 균모의 지름은 2~5cm이며 원추형에서 가운데가 볼록한 편평형으로 된다. 표면은 황토색인데 미세한 알갱이가 밀포하고 방사상의 주름이 있고 살은 황색이다. 주름살은 올린주름살로 백색이며 약간 밀생한다. 자루의 길이는 3~6cm, 굵기는 0.3~0.8cm이고 속은 비어 있다. 자루 위쪽에 턱받이가 있고 턱받이 아래는 색이 균모와 같으며, 위쪽에는 백색가루 같은 인편이 있다. 포자 크기는 5~6×2.8~3.5μm이고 타원형이며 아미로이드 반응을 나타낸다.

약용, 식용여부

식용할 수 있다.

굴낭피버섯

담자균류 주름버섯목 갓버섯과의 버섯
Cystoderma fallax A.H.S et Sing

분포지역

한국(가야산), 북아메리카

서식장소 / 자생지

침엽수림의 낙엽 또는 이끼 위

크기

갓 지름 3~5cm, 자루 길이 2.5~7.5cm, 굵기 3~10mm

생태와 특징

가을철 침엽수림의 낙엽 또는 이끼 위에 무리를 지어 자란다. 갓은 지름 3~5cm이고 처음에 원뿔 모양이다가 자라면서 편평해진다. 갓 표면은 처음에 갈색이다가 황갈색으로 변하고 많은 알맹이가 붙어 있다. 주름은 흰색의 바른주름으로 촘촘히 나며 간격은 좁다. 자루는 길이 2.5~7.5cm, 굵기 3~10mm의 원통 모양이거나 드물게 아랫부분이 약간 불룩한 것도 있다. 자루 표면은 밋밋하고 턱받이 윗부분은 흐린 흰색으로 피막이 자루를 칼집처럼 싸고 있다. 자루 표면은 붉은빛을 띤 갈색이며 알맹이가 붙어 있다. 포자는 무색의 타원형으로 표면이 밋밋하고 크기가 3.5~5.5×2.8~3.6μm에 이른다. 포자무늬는 흰색이다.

약용, 식용여부

식용가능하다.

갈색쥐눈물버섯(갈색먹물버섯)

담자균문 주름버섯목 눈물버섯과 쥐눈물버섯속의 버섯
Coprinellus micaceus(Bull.)Vilgalys, Hopple,&Johnson

분포지역

전세계

서식장소/ 자생지

활엽수의 그루터기나 땅에 묻힌 나무 위

크기

균모 지름 1~4cm, 자루 높이 3~8cm

생태와 특징

여름에서 가을에 활엽수의 그루터기나 땅에 묻힌 나무 위에군생 또는 속
생한다. 균모는 지름 1~4cm로 난형 후 종형~원주형으로 되며, 더 펴지면
주변부는 뒤집힌다. 표면은 담황갈색이고 가는 운모상의 가루로 덮였으나,

후에 떨어져 매끄러워지며 주변부에 방사상의 홈선이
있다. 주름살은 백색 후 흑색으로 되어 액화하지?두엄
먹물버섯이나 먹물버섯처럼 심하지 않다. 자루는 높이
3~8cm로 백색이며 속이 비어 있다. 포자는 타원형인데
한끝이 뾰족하고 납작하며 7~10x4.5~6μm이다.

약용, 식용여부

어릴 때는 식용한다고 알려져 있으나 최근에 독성분이
미량 확인되었다.

113

노란털돌버섯

진정담자균강 주름버섯목 끈적버섯과 돌버섯속
Descolea flavoannulata (L. Vass.) Horak

분포지역

한국, 일본, 소련

서식장소/ 자생지

침엽수림과 활엽수림의 땅

크기

버섯갓 지름 5~8cm, 버섯대 굵기 7~10mm, 길이 6~10cm

생태와 특징

가을철 침엽수림과 활엽수림의 땅에서 자란다. 버섯갓은 지름 5~8cm이며 처음에 공 모양이다가 둥근 산 모양으로 변하고 나중에 편평해지면서 가운데가 볼록해진다. 갓 표면은 황토색 또는 어두운 황갈색으로 노란색 솜털처럼 생긴 외피막의 잘린 조각들이 여기저기 흩어져 있으며 점성이 없고 방사상 주름이 있다. 살은 흰색 또는 연한 황갈색이다. 주름살은 바른주름살로 황갈색 또는 어두운 육계색이며 성기고 가장자리는 노란색 가루처럼 생긴 것이 붙어 있다.

한국(변산반도국립공원, 가야산, 방태산, 한라산), 일본 등에 분포한다. 외생균근 형성 버섯이므로 산림녹화 등에 이용할 수 있다.

약용, 식용여부

식용할 수 있다.

팽나무버섯(팽이버섯)

담자균류 주름버섯목 송이과의 버섯
Flammulina velutipes

분포지역

한국, 일본, 중국, 유럽, 북아메리카, 오스트레일리아

서식장소 / 자생지 팽나무 등의 활엽수의 죽은 줄기 또는 그루터기

크기 버섯 갓 지름 2~8cm, 버섯 대 굵기 2~8mm, 길이 2~9cm

생태와 특징

늦가을에서 이른 봄에 팽나무 등의 활엽수의 죽은 줄기 또는 그루터기에 소복하게 자란다. 버섯 갓은 지름 2~8cm이며 처음에 반구 모양이다가 나중에 편평해진다. 갓 표면은 점성이 크고 노란색 또는 누런 갈색이며 가장자리로 갈수록 색이 연하다. 살은 흰색 또는 노란색이며 주름살은 흰색 또는 연한 갈색의 올린주름살이고 성기다. 버섯 대는 굵기 2~8mm, 길이 2~9cm이고 위아래의 굵기가 같으며 연골질이다. 버섯 대 표면은 어두운 갈색 또는 누런 갈색이고 윗부분이 색이 연하며 짧은 털이 촘촘하게 나 있다. 홀씨는 크기 5~7.5×3~4μm이고 타원 모양이다. 겨울에 쌓인 눈 속에서도 자라는 저온성 버섯이고 목재부후균이다.

약용, 식용여부

식용하거나 약용할 수 있다.

115

오렌지밀버섯(애기버섯 개칭, 속 변경)

담자균문 주름버섯목 낙엽버섯과 밀버섯속의 버섯
Gymnopus dryophilus (Bull.) Murr.

분포지역

한국, 북한(백두산) 등 전세계

서식장소/ 자생지

숲 속의 부식토 또는 낙엽

크기

버섯갓 지름 1~4㎝, 버섯대 굵기 1.5~3㎜, 길이 2.5~6㎝

생태와 특징

굽은애기무리버섯이라고도 한다. 봄부터 가을까지 숲 속의 부식토 또는
낙엽에 무리를 지어 자란다. 버섯갓은 지름 1~4㎝로 처음에 둥근 산 모양
이다가 나중에 거의 편평해지며 가장자리가 위로 뒤집힌다. 갓 표면은 밋
밋하고 가죽색, 황토색, 크림색이지만 건조하면 색이 연해진다. 주름살은
올린주름살 또는 끝붙은주름살로 촘촘하고 폭이 좁으며 흰색 또는 연한 크
림색이다. 버섯대는 굵기 1.5~3㎜, 길이 2.5~6㎝로 뿌리부근이 약간 불룩
하다. 버섯대 표면은 버섯갓과 색이 같고 밋밋하며 속이 비어 있다. 홀씨는
5~7×2.5~3.5㎛로 타원이나 씨앗 모양을 하고 있다.

약용, 식용여부

식용버섯이나 사람에 따라 약한 중독을 일으킬 수 있다. 약용으로 항염증
작용이 있다.

붉은산꽃버섯

담자균류 주름버섯목 벚꽃버섯과의 버섯
Hygrocybe conica (Scop. & Fr.) Kummer

분포지역

한국(가야산, 속리산, 한라산) 등 전세계

서식장소 / 자생지

풀밭, 길가, 숲 속, 대나무밭 등의 흙

크기 버섯 갓 지름 1.5~4cm, 버섯 대 길이 5~10cm, 굵기 4~10mm

생태와 특징

북한명은 붉은고깔버섯이다. 여름부터 가을까지 풀밭, 길가, 숲 속, 대나무밭 등의 흙에 무리를 지어 자라거나 한 개씩 자란다. 버섯 갓은 지름 1.5~4cm이고 처음에 원뿔 모양으로 끝이 뾰족하지만 나중에 편평해진다. 갓 표면은 축축하면 점성이 있고 붉은색, 오렌지색, 노란색 등이며 손으로

만지거나 늙으면 검은색으로 변한다. 주름살은 끝붙은 주름살로 연한 노란색이다. 버섯 대는 길이 5~10cm, 굵기 4~10mm로 노란색 또는 오렌지색이며 섬유처럼 보이는 세로줄이 있고 나중에 검은색으로 변한다. 홀씨는 10~14.5×5~7.5μm로 넓은 타원형이다.

약용, 식용여부

식용하기도 하지만 가벼운 중독을 일으키는 경우가 있으므로 주의해야 한다.

개암다발버섯(개암버섯 개칭, 속 변경)

주름버섯목 독청버섯과 개암버섯속
Hypholoma sublateritium (Schaeff.) Qu?l.

분포지역

한국(모악산, 한라산), 동아시아, 유럽, 북아메리카

서식장소/ 자생지

졸참나무, 참나무, 밤나무 등 활엽수의 벤 그루터기나 넘어진
나무 또는 흙에 묻혀 있는 나무

크기

갓 지름 3~8cm, 자루 길이 5~10cm, 지름 0.8~1cm

생태와 특징

북한명은 밤버섯이다. 졸참나무, 참나무, 밤나무 등 활엽수의 그루터기나
넘어진 나무 또는 흙에 묻혀 있는 나무에서 뭉쳐난다. 갓은 지름 3~8cm로
처음에 반구 모양 또는 둥근 산 모양에서 나중에 편평해진다. 표면은 밝은
다갈색이며 가장자리에 흰 외피막이 있다. 갓주름은 빽빽하고 처음에는 노
란빛을 띤 흰색이나 포자가 익으면 연한 자줏빛을 띤 갈색으로 된다.

자루는 길이 5~10cm, 지름 0.8~1cm이며 윗부분은 엷은 노란색, 아랫부
분은 엷은 다갈색이고 속은 비어 있다. 포자는 길이 5.5~8μm, 나비 3~4
μm로 타원형이고 발아공이 있으며 표면은 매끄럽다.

약용, 식용여부

맛있는 버섯으로 널리 식용하며 목재부후균으로도 이용된다.

붉은무명버섯

담자균류 주름버섯목 벚꽃버섯과 버섯
Hygrocybe miniata

분포지역

한국 등 전세계

서식장소 / 자생지

숲 속의 습지나 풀밭 등의 땅

크기 버섯 갓 지름 1~3cm, 버섯 대 길이 5~8cm, 굵기 3~5mm

생태와 특징

북한명은 애기붉은꽃갓버섯이다. 여름부터 가을까지 숲 속의 습지나 풀밭 등의 땅에 무리를 지어 자란다. 버섯 갓은 지름 1~3cm로 처음에 둥근 산 모양이다가 나중에 편평해지며 가운데가 약간 파인다. 갓 표면은 점성이 없고 작은 비늘조각으로 덮여 있으며 붉은빛을 띤다. 살은 얇고 붉은색 또

는 오렌지색이며 단단하지 않다. 주름살은 바른주름살, 올린주름살, 내린주름살로 붉은색 또는 오렌지색이다. 버섯 대는 길이 5~8cm, 굵기 3~5mm로 버섯 갓과 색이 같으며 단단하지 않다. 버섯 대 표면은 밋밋하거나 섬유상의 작은 털이 있다. 홀씨는 7.5~9×4~5μm로 달걀 모양이나 타원 모양이다.

약용, 식용여부

식용할 수 있다.

달맞이꽃갓버섯

담자균류 주름버섯목 꽃갓버섯과 버섯
Hygrocybe chlorophana

분포지역

북한, 일본, 중국, 유럽, 북아메리카

서식장소 / 자생지

숲 속의 땅

크기

버섯 갓 지름 2~5cm, 버섯 대 지름 0.4~0.8cm, 길이 3~8cm

생태와 특징

여름철 숲 속의 땅에 무리를 지어 자란다. 버섯 갓은 지름 2~5cm로 처음에 만두 모양이다가 나중에 편평해진다. 갓 표면은 축축하면 끈적끈적한데, 노란색으로 털이 없으며 가장자리에 투명한 줄이 나타나고 일반적으로 깊게 찢어진다. 살은 얇고 쉽게 부스러지며 연한 노란색이다가 흠집이 나도 검은색으로 변하지 않는다. 주름살은 올린주름살 또는 홈파진주름살로 약간 성기고 갓 표면과 색이 거의 같다. 버섯 대는 지름 0.4~0.8cm, 길이 3~8cm로 위아래의 굵기가 같거나 비슷한 원기둥 모양이며 약간 구부러지거나 납작하게 눌린다. 버섯 대 표면은 끈적끈적하고 털이 없으며 갓과 색이 같고 때때로 줄이 있다.

약용, 식용여부

식용할 수 있다.

화병벚꽃버섯

담자균류 주름버섯목 벚꽃버섯과 버섯
Hygrocybe cantharellus

분포지역

한국 등 북반구 일대

서식장소 / 자생지

소나무 숲의 땅

크기

버섯 갓 지름 1~3.5cm, 버섯 대 길이 4~9cm, 굵기 1.5~4mm

생태와 특징

북한명은 붉은꽃갓버섯이다. 여름부터 가을까지 소나무 숲의 땅에 무리를
지어 자라거나 한 개씩 자란다. 버섯 갓은 지름 1~3.5cm로 둥근 산 모양이
지만 가끔 가운데가 파인 것도 있다. 갓 표면은 점성이 없으며 붉은빛을 띠
고 작은 비늘 조각으로 덮여 있지만 검은색으로 변하지
않는다. 주름살은 내린주름살로 성기며 노란색 또는 붉
은빛을 띤 누런색이다. 버섯 대는 길이 4~9cm, 굵기
1.5~4mm로 붉은빛을 띠며 아래쪽이 약간 더 굵다. 홀씨
는 9~12.5×6~7.5μm로 타원형이다.

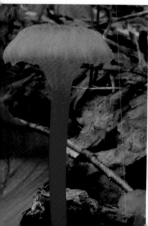

약용, 식용여부

식용할 수 있다.

만가닥버섯(느티만가닥버섯)

담자균류 주름버섯목 송이과 버섯
Hypsizygus marmoreus (Peck) H.E. Bigelow

분포지역

한국, 동남아시아, 유럽, 북아메리카 등

서식장소 / 자생지 느릅나무 등의 활엽수 고사목 그루터기

크기 버섯갓 지름 5~15㎝

생태와 특징

북한명은 느릅나무무리버섯이다. 만가닥이라는 명칭은 다발성이 매우 강해서 수많은 개체가 생긴다고 하여 붙여진 것이다. 가을철 느릅나무 등의 말라 죽은 활엽수나 그루터기에서 다발로 무리를 지어 자란다. 버섯갓은 지름 5~15㎝이며 처음에 둥근 단추 모양 또는 반구 모양으로 자라다가 성숙해지면 편평해진다. 초기의 갓 표면은 짙은 크림색을 띠다가 자라면서 차차 옅어진다. 날씨가 건조해지면 갓의 표면이 갈라져 거북의 등처럼 생긴 무늬가 나타나는 것이 특징이다.

약용, 식용여부

일본에서 인기가 매우 많은 버섯으로 야생의 특성인 쓴맛이 약간 남아 있지만 식감이 매우 좋고 부드러우면서도 다른 식재료의 맛을 해치지 않아 여러 가지 요리에 잘 어울린다. 체내 콜레스테롤 함량을 줄이고, 지방세포의 크기를 줄여 주는 효과가 밝혀졌고, 항산화, 항종양, 항통풍, 혈행개선, 피부미백 등의 효능이 있다

다색벚꽃버섯

담자균류 주름버섯목 벚꽃버섯과의 버섯
Hygrophorus russula

분포지역

한국, 북한 등 북반구 온대

서식장소 / 자생지

활엽수림의 흙

크기 버섯 갓 지름 5~12cm, 버섯 대 길이 3~8cm, 굵기 1~3cm

생태와 특징

벚꽃버섯이라고도 하며 북한명은 붉은무리버섯이다. 여름에서 가을까지
활엽수림의 흙에 무리를 지어 자란다. 버섯 갓은 지름 5~12cm로 처음에 둥
근 산 모양이다가 나중에 편평해지지만 가운데가 봉긋하다. 갓 표면은 점
성이 있지만 빨리 건조되는데, 가운데와 가장자리는 어두운 붉은색 또는
포도주색이고 약간 검은색의 작은 비늘조각이 있다. 살
은 흰색으로 연한 홍색의 얼룩이 있다. 주름살은 바른
주름살 또는 내린주름살로 약간 촘촘한 편이며 흰색 또
는 연한 홍색이고 버섯갓과 같은 얼룩이 있다.

약용, 식용여부

식용할 수 있다.

벚꽃버섯속

주름버섯목 벚꽃버섯과 벚꽃버섯속
Hygrophorus pudorinus (Fr.) Fr.

분포지역

북미, 유럽, 일본

서식장소/ 자생지

침엽수의 수풀내의 지상

크기

갓 지름 5~12cm, 버섯 대 길이 40-100×8-20mm

생태와 특징

여름에서 가을에 걸쳐 솔송나무나 좀솔송나무, 시라비소(소나무과 상록
수)등의 침엽수의 수풀내의 지상에 군생한다. 버섯전체의 독특한 송진냄새
와 쓴맛이 있고, 독은 없다고 하나, 그다지 식욕이 생겨나지는 않는다. 또
한 벚꽃버섯류 공통하고 있는 버섯을 채집해 하룻밤이나 이틀밤 방치하면
백색의 곰팡이로 덮힌다. 이 때문에 버섯은 채집한 날에 데치던가 소금에
절일 필요가 있다. 갓은 처음에는 반구형이나 후에 호빵형으로 편평하게
펼쳐진다. 표면은 미끈미끈하고, 색은 옅은 살색이다.

약용, 식용여부

독은 없다고 하나, 그다지 식욕이 생겨나지는 않는다. 또한 벚꽃버섯류 공
통하고 있는 버섯을 채집해 하룻밤이나 이틀 밤 방치하면 백색의 곰팡이로
덮힌다. 이 때문에 버섯은 채집한 날에 데치던가 소금에 절일 필요가 있다.

눈빛꽃버섯(흰색처녀버섯)

진정담자균강 주름버섯목 벚꽃버섯과 꽃버섯속
Hygrocybe virginea (Wulfen) P.D. Orton

분포지역

전세계

서식장소 / 자생지

숲속이나 풀밭의 땅 위

크기

버섯 갓 지름 2~5cm, 자루 길이 3~4×0.3~0.7cm

생태와 특징

여름에서 가을에 숲속이나 풀밭의 땅위에 무리지어 발생한다. 자실체는
직경 2~5cm로, 반구형에서 중앙이 볼록하지만 후에 거의 편평하게 전개한
다. 자실체조직은 얇고 백색이며, 자실층의 주름살은 긴내린형으로 성글며
가로로 연락맥이 있다. 자루 길이 3~4×0.3~0.7cm로,
아래쪽으로 가늘다. 포자는 타원형으로 표면은 평활하
다.

약용, 식용여부

식용가능하며, 초무침 등의 무침, 국거리로 이용하면
좋다.

자루비늘버섯

주름살버섯목 비늘가락지버섯과 버섯
Kuehneromyces mutabilis (Schaeff. ex Fr.) Sing. et A. H. Smith

분포지역

한국(묘향산, 원산), 동아시아(중국, 일본, 러시아 동부), 유럽, 북미

서식장소 / 자생지

활엽수 썩은 줄기 부분

크기

버섯 갓 지름 3~6cm

생태와 특징

봄에서 가을까지 활엽수의 썩은 줄기나 그루터기 등에 무리지어 난다. 버섯 갓의 지름은 3~6cm로 편평하며, 가운데 부분이 다소 볼록한 형태를 띤다. 겉은 진한 황갈색으로 건조한 때에는 매끈하며 색이 다소 연하고, 습할 때에는 색이 진해지며 끈적끈적하다. 살은 흰색, 밤색이다. 버섯 대는 아래 위의 굵기가 같으며 길이는 3~7cm, 두께는 3~5cm으로 속이 비어 있다. 턱받침을 기준으로 위쪽은 누런 갈색이고, 아래쪽은 짙은 갈색으로 비늘이 많이 붙어 있다. 홀씨의 크기는 6.5~7.5×4~5μm이며 난형 혹은 타원형이다.

약용, 식용여부

식용버섯이다.

자주졸각버섯

진정담자균강 주름버섯목 송이버섯과 졸각버섯
Laccaria amethystea (Bull.) Murr.

분포지역

한국(지리산, 한라산), 일본, 중국, 유럽 등 북반구 온대 이북

서식장소/ 자생지 양지바른 돌 틈이나 숲 속의 땅

크기 버섯갓 지름 1.5~3㎝, 버섯대는 길이 3~7㎝, 굵기 2~5mm

생태와 특징

북한명은 보라빛깔때기버섯이다. 여름부터 가을까지 양지바른 돌 틈이나 숲 속의 땅에 무리를 지어 자란다. 버섯갓은 지름 1.5~3㎝로 처음에 둥근 산 모양이다가 나중에 편평해지지만 가운데가 파인다. 갓 표면은 밋밋하며 가늘게 갈라져 작 비늘조각처럼 변하고 자주색이다. 주름살은 올린주름살로 두껍고 성기며 짙은 자주색인데, 건조하면 주름살 이외에는 황갈색 또

는 연한 회갈색이 된다. 버섯대는 길이 3~7㎝, 굵기 2~5mm로 섬유처럼 보인다. 홀씨는 지름 7~9㎛로 공 모양이며 가시가 돋아 있고 가시의 길이는 0.9~1.3㎛이다. 식물과 공생하여 균근을 형성한다. 한국(지리산, 한라산), 일본, 중국, 유럽 등 북반구 온대 이북에 분포한다.

약용, 식용여부

식용과 항암버섯으로 이용한다.

배젖버섯

담자균류 주름버섯목 무당버섯과 버섯
Lactarius volemus

분포지역

북반구 온대 이북

서식장소 / 자생지

여름과 가을에 주로 활엽수가 우거진 임지

크기

자루 5~9cm×0.7~1.5cm

생태와 특징

젖버섯이라고도 한다. 여름과 가을에 주로 활엽수가 우거진 임지에 많이 발생한다. 갓은 처음에는 둥글지만 편평해지고 중앙부가 약간 들어가며 둘레는 안으로 말린다. 표면은 붉은 벽돌색과 비슷한 황적갈색이며, 습기가 있을 때는 끈적끈적하고 건조하면 윤이 난다. 주름은 밀생하고 처음에는 백색에서 담황색으로 되며 자루에 내려붙거나 바로붙는다. 자루는 5~9cm×0.7~1.5cm이고 둥글며 매끈하고 속살은 백색이며 충실하다. 자실체에 상처를 내면 백색의 즙액이 다량 분비되며 점차 갈색으로 변한다. 포자는 구형이고 그물무늬가 있으며 포자무늬는 백색이다.

약용, 식용여부

식용할 수 있다.

큰살색깔때기버섯

담자균류 주름버섯목 송이과 버섯
Laccaria proxima

분포지역

북한, 일본, 중국, 유럽

서식장소 / 자생지 나무숲, 물이끼, 땅

크기 버섯 갓 지름 5~7cm, 버섯 대 지름 0.5cm, 길이 10cm

생태와 특징

가을에 나무숲, 물이끼, 땅 등에 무리를 지어 자란다. 버섯 갓은 지름 5~7
cm이고 편평한 둥근 산 모양이다. 버섯 갓 표면은 물기를 잘 빨아들이며 누
런 밤색이지만 건조하면 누런 흑색을 띠고 가루처럼 생긴 비늘이 있다. 살
은 얇은 편이다. 주름살은 분홍빛을 띤 살구색의 바른주름살이고 폭이 넓
은 편이며 성기다. 버섯 대는 지름 0.5cm, 길이 10cm이다. 버섯 대 표면은
버섯갓과 색이 같으며 밑쪽에 부드러운 흰색 털이 있고
섬유 모양의 세로줄무늬가 성기게 나 있다. 홀씨는 크
기 6.5~8.5×5.5~7μm이고 넓은 타원형이거나 원형에
가까우며 표면에 가는 가시가 있다. 홀씨 무늬는 흰색
이다. 활엽수에 외생균근을 형성하고 부생생활을 한다.

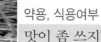

약용, 식용여부

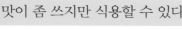
맛이 좀 쓰지만 식용할 수 있다.

독젓버섯

무당버섯목 무당버섯과 젓버섯속
Lactarius necator (Bull. ex Fr.) Karst.

분포지역

한국, 일본 독일, 유럽

서식장소/ 자생지

자작나무 등 활엽수 밑

크기

갓 지름 5~12cm, 버섯 대 4~8×1~3cm

생태와 특징

 여름부터 가을까지 자작나무 등의 활엽수 밑에 단생한다. 갓은 지름 5~12
cm로 반구형이나 차차 깔때기형이 된다. 갓 표면은 녹황갈색이고 중앙부는
더 짙으며 점성이 있고, 잔털이 있으며 갓 끝은 말린형이다. 주름살은 끝붙
은형이며 빽빽하고 담황백색이나, 상처가 나거나 늙으면 흑갈색으로 된다.
대는 4~8×1~3cm로 갓과 같은 색으로 점성이 있으며, 짙은 색의 얼룩이
생긴다. 유액은 백색으로 변색하지 않고, 포자는 7~8.5×6~7μm로 둥근타
원형이며 표면에는 돌기가 있고 아밀로이드이다. 포자문은 담황색이다.

약용, 식용여부

 식용가능하나 미약한 독이 포함되어 있어, 생식을 하면 중독된다.

민맛젖버섯

담자균류 주름버섯목 무당버섯과의 버섯

Lactarius camphoratus

분포지역

한국(방태산, 만덕산), 유럽, 북아메리카

서식장소 / 자생지

길가의 풀밭

크기 버섯 갓 지름 2.8~5.4cm, 버섯 대 7.5~14×0.3~0.5cm

생태와 특징

봄부터 가을까지 숲 속의 땅에 무리를 지어 자란다. 버섯 갓은 지름 1.5~4 cm로 처음에 얕은 산 모양 또는 편평한 모양이다가 깔때기 모양으로 변하며 한가운데에 작은 돌기가 꼭 있다. 갓 표면은 어두운 육계색이고 가장자리는 붉은 흙과 같은 색이며 건조하면 연한 색이 된다. 주름살은 살색으로 촘촘하다. 버섯 대는 굵기 4~8mm, 길이 1.5~6cm로 갓과 색이 같고 속이 비어 있다. 젖은 묽은 우유처럼 생겼고 색이 변하지 않으며, 맛은 맵지 않다. 홀씨는 6.5~8×6~7㎛로 거의 공 모양에 가깝고 표면에 작은 가시와 불완전한 그물무늬가 있다. 홀씨 무늬는 크림색이다. 건조하면 카레와 같은 냄새가 난다.

약용, 식용여부

식용할 수 있다.

애잣버섯(애참버섯 개칭, 속 변경)

담자균문 구멍장이버섯목 구멍장이버섯과 잣버섯속의 버섯
Lentinus strigosus Fr. ('=Panus rudis Fr.)

분포지역

한국(방태산, 속리산) 등 전세계

서식장소/ 자생지

활엽수의 죽은 나무나 그루터기

크기

버섯갓 지름 1.5~5cm, 버섯대 굵기 0.4cm, 길이 0.5~2cm

생태와 특징

북한명은 거친털마른깔때기버섯이다. 초여름부터 가을까지 활엽수의 죽은 나무나 그루터기에 뭉쳐서 자라거나 무리를 지어 자란다. 버섯갓은 지름 1.5~5cm로 처음에 둥근 산 모양이다가 나중에 깔때기 모양으로 변한다. 갓 표면은 처음에 자줏빛 갈색이지만 차차 연한 황토빛 갈색으로 변하며 전체에 거친 털이 촘촘히 나 있다. 살은 질긴 육질 또는 가죽질이다. 주름살은 내린주름살로 촘촘하고 폭이 좁으며 처음에 흰색이다가 나중에 연한 황토빛 갈색 또는 자주색으로 변하며 가장자리가 밋밋하다.

버섯대는 굵기 0.4cm, 길이 0.5~2cm로 짧고 버섯갓과 색이 같다. 홀씨는 4.5~5×2~2.5μm로 좁은 타원 모양이고 홀씨 무늬는 흰색이다.

약용, 식용여부

어릴 때는 식용한다. 민간에서는 부스럼 치료에 이용되기도 한다.

가시갓버섯

담자균류 주름버섯목 갓버섯과의 버섯
Lepiota acutesquamosa

분포지역

한국 등 전세계

서식장소 / 자생지

숲 속, 정원, 쓰레기장, 길가의 땅

크기 버섯 갓 지름 7~10cm, 버섯 대 길이 8~10cm, 너비 8~12mm

생태와 특징

북한명은 소름우산버섯이다. 여름에서 가을까지 숲 속, 정원, 쓰레기장, 길가의 땅에 뭉쳐서 자란다. 버섯 갓은 지름 7~10cm로 처음에는 원뿔 모양 또는 둥근 산 모양이다가 편평해지며 가운데가 볼록하다. 갓 표면은 누런 갈색 또는 붉은 갈색으로 어두운 갈색의 돌기가 덮고 있다. 살과 주름살은 흰색이며, 떨어진주름살이고 가지를 친다. 버섯 대는 길이 8~10cm, 너비 8~12mm로 아래쪽이 불룩하고 속은 비어 있다. 버섯 대의 위쪽은 흰색이고 아래쪽은 연한 갈색인데 갈색의 비늘조각이 있다.

약용, 식용여부

식용버섯이지만 냄새가 고약하다.

광릉자주방망이버섯

담자균문 주름버섯목 송이과 자주방망이버섯속의 버섯
학 명 Lepista irina (Fr.) Bigelow (=Tricholoma irinum (Fr.) P. Kumm.)

분포지역

한국. 일본. 유럽

서식장소/ 자생지

밭, 과수원, 목장, 숲 속의 땅위

크기

갓 지름 5~12cm, 자루 길이 6~12cm

생태와 특징

가을에 밭, 과수원, 목장, 숲 속의 땅위에 산생 또는 군생한다. 균환을 이루기도 한다. 갓은 지름 5~12cm로 호빵형에서 중앙이 높은 편평형으로 된다. 갓 표면은 매끄럽고 살색~자주색이나 마르면 백색이 되며, 주변부는 처음에는 안쪽으로 감긴다. 살은 갓의 표면과 같은 색이다.

주름살은 갓과 같은 색이고 밀생하며 바른주름살 또는 내린주름살이다. 자루는 길이 6~12cm로 표면은 섬유상, 상부는 가루모양이고 갓과 같은 색이며 속이 차 있다. 포자는 타원형이고 7~9×4~5μm이다. 포자문은 담황백색이다.

약용, 식용여부

식용이다.

민자주방망이버섯

담자균류 주름버섯목 송이과의 버섯
Lepista nuda

분포지역

한국, 북한 등 북반구 일대, 오스트레일리아

서식장소 / 자생지

잡목림, 대나무 숲, 풀밭

크기 버섯 갓 지름 6~10cm, 버섯 대 굵기 0.5~1cm, 길이 4~8cm

생태와 특징

북한명은 보라빛무리버섯이다. 가을에 잡목림, 대나무 숲, 풀밭에 무리를 지어 자라며 균륜을 만든다. 버섯 갓은 지름 6~10cm로 처음에 둥근 산 모양이다가 나중에 편평해지며 가장자리가 안쪽으로 감긴다. 버섯 갓 표면은 처음에 자주색이다가 나중에 색이 바라서 탁한 노란색 또는 갈색으로 변한

다. 살은 빽빽하며 연한 자주색이다. 주름살은 홈파진 주름살 또는 내린주름살로 촘촘하고 자주색이다. 버섯 대는 굵기 0.5~1cm, 길이 4~8cm로 뿌리부근이 불룩하고 섬유질이며 속이 차 있다. 홀씨는 5~7×3~4μm로 타원형이고 작은 사마귀 점이 덮고 있다. 홀씨 무늬는 연한 살색이다.

약용, 식용여부

식용할 수 있다.

표고버섯

담자균류 주름버섯목 느타리과의 버섯
Lentinula edodes

분포지역

한국, 일본, 중국, 타이완

서식장소 / 자생지

참나무류, 밤나무, 서어나무 등 활엽수의 마른 나무

크기

버섯 갓 지름 4~10cm, 버섯 대 3~6cm×1cm

생태와 특징

북한명은 참나무버섯이다. 봄과 가을 2회에 걸쳐 참나무류, 밤나무, 서어
나무 등 활엽수의 마른 나무에 발생한다. 버섯 갓 지름 4~10cm이고 처음
에 반구 모양이지만 점차 펴져서 편평해진다. 갓 표면은 다갈색이고 흑갈
색의 가는 솜털처럼 생긴 비늘조각으로 덮여 있으며 때로는 터져서 흰 살
이 보이기도 한다. 갓 가장자리는 어렸을 때 안쪽으로 감기고 흰색 또는 연
한 갈색의 피막으로 덮여 있다가 터지면 갓 가장자리와 버섯 대에 떨어져
붙는다. 버섯 대에 붙은 것은 불완전한 버섯 대 고리가 되고, 주름살은 흰
색이며 촘촘하다.

약용, 식용여부

원목에 의한 인공재배가 이루어지며 한국, 일본, 중국에서는 생표고 또는
건표고를 버섯 중에서 으뜸가는 상품의 식품으로 이용한다.

잿빛만가닥버섯

담자균문 주름버섯강 주름버섯목 만가닥버섯과 만가닥버섯속
Lyophyllum decastes(Fr.) Singer

분포지역

북반구 온대 이북

서식장소/ 자생지

숲, 정원, 밭, 길가 등의 땅 위

크기 갓 지름 4~9cm, 자루 길이 5~8cm

생태와 특징

여름에서 가을에 숲, 정원, 밭, 길가 등의 땅 위에 군생한다. 갓은 지름 4~9cm로 호빵형을 거쳐 편평하게 되며, 중앙부가 조금 오목해진다. 표면은 녹황흑색(암올리브갈색)~회갈색, 후에 연하게 되고 갓 끝은 아래로 감긴다. 조직은 백색이며 밀가루 냄새가 난다. 주름살은 백색의 완전붙은형~홈형, 끝붙은형(바른~내린주름살) 등 다양하며 빽빽하다. 자루는 길이 5~8 x 0.7~1.0cm로 갈회색이며 위아래 굵기가 같거나 하부가 부풀고 상부는 가루모양이다. 근부에는 균사속이 있다. 포자는 5.5~8.5×5~8μm로 구형이며, 표면은 평활하고, 포자문은 백색이다.

약용, 식용여부

식용버섯으로 아삭아삭 씹는 맛이 좋으며 깊은 맛이 있어서 여러 가지 요리에 폭넓게 이용할 수 있다.

모래배꼽버섯(흑얼룩배꼽버섯)

진정담자균강 주름버섯목 송이버섯과 배꼽버섯속
Melanoleuca verrucipes (Fr.) Sing.

분포지역

한국, 일본, 유럽

서식장소/ 자생지

과수원, 풀밭, 침엽수림 속의 땅

크기

버섯갓 지름 2.5~5.0cm, 버섯대 굵기 0.4~0.7cm, 길이 2.4~4cm

생태와 특징

늦봄부터 늦여름까지 과수원, 풀밭, 침엽수림 속의 땅에 무리를 지어 자라거나 흩어져 자란다. 균모의 지름은 2.5~5cm이고, 둥근 산 모양에서 차차 편평한 모양으로 되지만 가운데는 볼록하다. 연기 같은 갈색인데 가운데는 흑갈색, 흑색 또는 회갈색으로 되며, 습기가 있을 때는 끈적거리고 건조하면 끝이 말리고 가장자리는 퇴색한다. 주름살은 홈파진주름살 또는 올린주름살로 밀생하며 폭이 넓고 백색이다. 자루의 길이는 2.4~4cm, 굵기는 0.4~0.7cm이고, 자루 밑은 부풀어 있으며 백색이고 윗 쪽에는 미세한 가루가 있고 연기 같은 갈색 또는 흑갈색으로 된다. 미세한 털은 백색 또는 바랜 색을 나타낸다.

약용, 식용여부

식용할 수 있다.

대형흰우산버섯

담자균류 주름버섯목 송이과의 버섯

Leucopaxillus giganteus

분포지역

한국(가야산) 등 북반구 온대 이북

서식장소 / 자생지

숲, 정원, 대나무밭 속의 땅 위

크기 버섯 갓 지름 7~25cm, 버섯 대 길이 5~12cm

생태와 특징

북한명은 큰은행버섯이다. 여름에서 가을까지 숲, 정원, 대나무밭 속의 땅 위에 한 개씩 자라거나 무리를 지어 자란다. 버섯 갓은 지름 7~25cm로 호빵 모양이다가 편평해지면서 가운데가 파이고 깔때기 모양으로 변한다. 갓 가장자리는 처음에 안쪽으로 말린다. 갓 표면은 흰색 또는 크림색으로 비단 광택이 있고 밋밋하지만 작은 비늘조각이 나타난다. 살은 흰색으로 촘촘하고 밀가루 냄새가 나다. 주름살은 간격이 좁고 촘촘하며 크림 빛을 띤 흰색이다. 버섯 대는 길이 5~12cm로 갓과 색이 같고 속이 차 있다. 홀씨는 5.5~7×3.5~4μm로 타원 모양 또는 달걀 모양이며 밋밋하다.

약용, 식용여부

식용할 수 있다.

선녀낙엽버섯

주름버섯목 송이과의 버섯
Marasmius oreades

분포 지역

한국(지리산, 한라산), 북한(백두산) 등 북반구 일대
또는 남반구

서식장소 / 자생지

잔디밭이나 풀밭

크기 버섯 갓 지름 2~4.5cm, 버섯 대 길이 4~7cm, 굵기 2~4mm

생태와 특징

북한명은 잔디락엽버섯이다. 여름부터 가을까지 잔디밭이나 풀밭 속에 무리를 지어 자란다. 버섯 갓은 지름 2~4.5cm로 처음에 둥근 산처럼 생겼다가 나중에 편평해지지만 가운데가 봉긋하다. 갓 표면은 가죽색 또는 붉은 빛을 띤 누런색이지만 건조하면 색이 바래서 연한 흰색으로 변하고 축축하면 가장자리에 줄무늬가 드러난다. 주름살은 올린주름살 또는 끝붙은주름살로 폭이 5~6mm이고 성기며 연한 색 또는 흰색이다. 버섯 대는 길이 4~7cm, 굵기 2~4mm로 위아래의 굵기가 같다. 버섯 대 표면은 밋밋하고 버섯갓과 색이 같다. 버섯 대 속이 비어 있고 단단하다. 홀씨는 6~10×3~5μm로 타원 모양 또는 씨앗 모양이다. 균륜을 만든다.

약용, 식용여부

식용할 수 있다.

큰갓버섯

담자균문 균심아강 주름버섯목 주름버섯과 큰갓버섯속
Macrolepiota procera (Scop.) Singer

분포지역

한국 등 전세계

서식장소/ 자생지 숲 속, 대나무밭, 풀밭의 땅

크기 버섯갓 지름 8~20㎝, 버섯대 굵기 1.2~2㎝, 길이 15~30㎝

생태와 특징

갓버섯이라고도 한다. 여름부터 가을까지 숲 속, 대나무밭, 풀밭의 땅에서
한 개씩 자란다. 버섯갓은 지름 8~20㎝이고 처음에 달걀 모양이다가 나중
에 편평해지며 가운데가 조금 봉긋하다. 갓 표면은 연한 갈색 또는 연한 회
색의 해면질이며 갈색 또는 회갈색의 표피가 터져서 비늘조각이 된다. 살
은 흰색의 솜처럼 생겼으며 주름살은 떨어진주름살이고 흰색이다. 대의 상

단부에 반지모양의 턱받이가 있으며, 위아래로 움직일
수 있다. 제주도에서는 마분이나 우분 위에서 발생하기
도 하여 '말똥버섯' 이라 한다.

버섯대는 굵기 1.2~2㎝, 길이 15~30㎝이고 뿌리부근
이 불룩하며 속이 비어 있다. 버섯대 표면은 회갈색의
비늘조각이 있어서 얼룩이 생긴다.

약용, 식용여부

식용할 수 있고 제주도에서는 초이버섯이라고 한다.

애주름버섯 (콩나물애주름버섯)

진정담자균강 주름버섯목 송이과 애주름버섯속
Mycena galericulata (Scop.:Fr.) S.F. Gray

분포지역

한국, 중국, 일본, 유럽, 북미주, 아프리카, 호주

서식장소/ 자생지

활엽수의 고목 또는 잘라진 나무

크기

균모 지름 2~5cm, 자루 길이 5~13cm, 굵기 2~6cm

생태와 특징

봄에서 여름에 걸쳐서 활엽수의 고목 또는 잘라진 나무에 무리를 지거나 뭉쳐서 나며 부생생활을 한다. 균모의 지름은 2~5cm이고 원추상의 종 모양에서 차차 편평한 모양으로 되지만 가운데는 볼록하다. 표면에는 방사상의 주름이 있고 회갈색이며 가운데는 짙다. 건조하면 엷어진다. 주름살은 바른주름살이며, 주름살의 폭이 넓고 성기다. 백색 또는 회백색에서 나중에는 연한 홍색으로 된다. 자루의 길이는 5~13cm, 굵기는 2~6cm이고 균모와 같은 색이다. 자루 아래는 때때로 뿌리처럼 길어지기도 한다. 자루의 아래에 있는 하얀 균사로 고목에 부착한다.

포자 크기는 8~10×5~7μm로 넓은 타원형이며 백색이다.

약용, 식용여부

식용할 수 있다.

잣버섯(솔잣버섯)

담자균문 균심아강 주름버섯목 느타리과 잣버섯속
Neolentinus lepideus (Fr.) Readhead & Ginns

분포지역

한국, 일본, 유럽, 미국, 오스트레일리아, 시베리아

서식장소/ 자생지 소나무, 잣나무, 젓나무 등의 고목

크기 갓 지름 5~15cm , 자루 2~8cm×1~2cm

생태와 특징

봄부터 가을에 걸쳐 소나무, 잣나무, 젓나무 등의 고목에 발생한다. 갓은 지름 5~15cm이고 표면은 백색, 황백색, 황토색 바탕에 갈색의 가는 털이 비늘 모양으로 덮여 있다. 또 가운데에는 갈색의 큰 털이 밀생하며 때로는 터져서 백색의 살이 보이기도 한다. 처음에는 둥근 모양이나 편평해지며 살은 백색이고 풍부하나 질긴 편이다. 주름은 거의 백색이고 폭이 넓으며 두껍고, 자루에 홈이 파져 붙거나 내려 붙으며 주름 끝이 길게 자루에 붙어 있다.

약용, 식용여부

식용으로 송진냄새가 약간 나는 것이 향기롭다. 자루가 졸깃하고 쓰지만, 자루 3/1이상 갓부분은 맛있다. 중독을 일으키는 경우도 있으니 반드시 익혀서 먹어야 한다. 약용버섯으로 항종양, 면역증강, 항균, 항진균 작용이 있으며 섭취시 건강증진, 강장에도 좋다.

끈적긴뿌리버섯

주름버섯목 송이과의 버섯
Oudemansiella mucida

분포지역

한국(변산반도국립공원, 오대산, 가야산, 한라산)
등 북반구 온대 지방

서식장소 / 자생지

숲 속의 죽은 나무

크기

버섯 갓 지름 3~8cm, 버섯 대 굵기 3~7mm, 길이 3~7cm

생태와 특징

여름부터 가을까지 숲 속의 죽은 나무에 뭉쳐서 자라거나 무리를 지어 자
란다. 버섯 갓은 지름 3~8cm로 처음에 둥근 산 모양이다가 편평해진다. 갓
표면은 흰색이고 가운뎃부분은 회갈색 또는 살색이며 축축하면 점성이 많
고 줄무늬가 조금 나타난다. 살은 흰색으로 부드럽다. 주름살은 바른주름
살이며 흰색으로 반투명하고 촘촘히 나 있다. 버섯 대는 굵기 3~7mm, 길이
3~7cm이고 연골질로서 단단하다. 버섯 대의 속은 차 있고 상부에 흰색 막
질의 턱받이가 있다. 홀씨는 16~23.5×15~21.5μm의 타원이나 공 모양이
다. 목재부후균이다.

약용, 식용여부

식용버섯으로 이용된다.

갈색난민뿌리버섯(갈색날긴뿌리버섯 개칭속 변경)

담자균문 주름버섯목 뽕나무버섯과 민뿌리버섯속의 버섯
Oudemansiella brunneomarginata L. Vass.

분포지역

한국, 일본, 러시아 연해주

서식장소/ 자생지

활엽수의 고목

크기

갓 크기 3~15㎝, 자루 크기 4~10 x 0.4~1㎝

생태와 특징

 가을에 활엽수의 고목에서 발생한다. 갓은 크기 3~15㎝로 둥근산모양에
서 편평하게 된다. 갓 표면은 처음은 자갈색에서 회갈색, 황백색으로 된다.
습기가 있을때 심한 끈적기가 있고 때때로 방사상의 주름이 있다. 가장자리
에 약간 줄무늬선이 나타난다. 살은 백색이다. 주름살은 백색~황백색이며
약간 성기고 바른주름살이다. 자루는 크기는 4~10 x 0.4~1㎝ ,원통형이고
연골질이며 표면에 자갈색의 인편이 있고 인편 위쪽은 담색으로되고 속은
비어 있다. 포자는 광타원형~아몬드형이고 14~20 x 9.5~12.5㎛이다.

약용, 식용여부

단내가 나고 조직은 백색이고 두터워 육질감이 있다.
대가 다소 딱딱하나 씹는 맛이 좋다.

족제비눈물버섯

담자균문 균심아강 주름버섯목 먹물버섯과 눈물버섯속
Psathyrella candolleana (Fr.) Maire

분포지역

한국, 동아시아, 유럽, 북아메리카, 아프리카, 오스
트레일리아

서식장소/ 자생지

활엽수의 그루터기, 죽은 나무의 줄기

크기 갓 지름 3~7cm, 버섯대 높이 4~8cm, 두께 4~7mm

생태와 특징

 여름과 가을에 활엽수의 그루터기, 죽은 나무의 줄기 등에 무리를 지어 자란다. 버섯갓은 지름 3~7cm이며 처음에는 원뿔 모양이지만 반구 모양으로 변하고 나중에는 펴지면서 편평해진다. 버섯갓 표면은 처음에 흰색이다가 붉게 변하고 나중에는 밝은 갈색으로 변하거나 보라빛을 띠기도 한다. 처음에 버섯갓에는 막이 생기지만 나중에는 막이 찢어지며 떨어져서 완전히 없어진다. 버섯대는 높이 4~8cm, 두께 4~7mm이며 위아래의 굵기가 비슷하다. 홀씨는 7~8×4~5μm이고 검은색이다. 목재부후균으로 나무를 썩게 한다. 식용할 수 있다.

약용, 식용여부

 식용할 수 있는 버섯이나 가치도 없고, 약한 환각 독성분을 함유한다. 혈당저하 작용이 있다.

침비늘버섯

담자균류 주름버섯목 독청버섯과의 버섯
Pholiota squarrosoides

분포지역

한국, 일본, 중국, 유럽, 북아메리카

서식장소 / 자생지

활엽수의 쓰러진 나무나 그루터기

크기 버섯 갓 지름 3~13cm, 버섯 대 굵기 3~10mm, 길이 2.5~6cm

생태와 특징

여름부터 가을까지 활엽수의 쓰러진 나무나 그루터기에 뭉쳐서 자란다. 버섯 갓은 지름 3~13cm이고 어릴 때는 반구 모양이다가 성숙하면 둥근 산 모양으로 변한다. 버섯 갓 표면은 점성이 있고 연한 노란색이며 노란색 비늘이 갓 가장자리에서 가운데쪽으로 붙어 있다. 성숙하면 갓 표면은 가운데가 십자형으로 갈라지기도 한다. 살은 질기고 흰빛을 띤 노란색이다. 주름살은 바른주름살이고 촘촘하며 버섯갓과 색이 색이 같다가 흙색으로 변한다. 버섯 대는 굵기 3~10mm, 길이 2.5~6cm이고 표면이 누런 흰색이며 흔적만 남은 턱받이의 아래쪽에는 비늘이 붙어 있다.

약용, 식용여부

식용할 수 있다.

빨간난버섯

Pluteus aurantiorugosus

분포지역

한국, 일본, 유럽 등 북반구 온대

서식장소 / 자생지

활엽수의 썩은 나무

크기

버섯 갓 지름 2.5~4cm, 버섯 대 3~4cm×4~7mm

생태와 특징

　여름에서 가을까지 활엽수의 썩은 나무에 자란다. 버섯 갓은 지름 2.5~4
cm로 편평하며 가운데가 높고 갓 표면은 누런빛을 띤 짙은 붉은색이다. 주
름살은 떨어진주름살로 처음에 흰색이다가 나중에 살색으로 변한다. 버섯
대는 3~4cm×4~7mm로 표면이 섬유처럼 보이고 붉은빛을 띤 누런색이다.
홀씨는 5~6.5×4.5~5.5μm로 유구형이다.

약용, 식용여부

식용할 수 있다.

148

주름우단버섯

담자균류 주름버섯목 우단버섯과의 버섯
Paxillus involutus

분포지역

한국(두륜산, 가야산), 일본, 소아시아, 유럽, 북아메리카, 아프리카

서식장소 / 자생지

숲, 풀밭 등의 땅

크기 버섯 갓 지름 4~10cm, 버섯 대 굵기 6~12mm, 길이 3~8cm

생태와 특징

북한명은 말린은행버섯이다. 여름부터 가을까지 숲, 풀밭 등의 땅에 무리를 지어 자란다. 버섯 갓은 지름 4~10cm로 처음에 가운데가 봉긋하면서 편평한 모양이다가 나중에 깔때기 모양으로 변한다. 갓 표면은 황토갈색으로 매끄럽고, 축축하면 약간 끈적끈적하다. 갓 가장자리는 안쪽으로 말리고 짧은 털이 나 있다. 살은 연한 노란색이고 흠집이 생기면 갈색으로 변한다. 주름살은 내린주름살로 연한 노란색이고 손으로 만진 부분에는 갈색 얼룩이 생기며 그물 무늬가 있다. 버섯 대는 굵기 6~12mm, 길이 3~8cm로 노란색이고 갈색 얼룩이 있다. 홀씨는 7.5~10.5×4.5~6㎛로 타원형이다.

약용, 식용여부

식용할 수 있다.

노란갓비늘버섯

주름버섯목 독청버섯과의 버섯
Pholiota spumosa (Fr.) Sing.

분포지역

한국(소백산, 한라산), 일본, 소아시아, 북아메리카,
아프리카

서식장소 / 자생지

산과 들의 땅에 반쯤 묻혀 있는 침엽수의 죽은 나무

크기 버섯 갓 지름 2~5cm, 버섯 대 굵기 5~10mm, 길이 3~7cm

생태와 특징

북한명은 노란기름비늘갓버섯이다. 가을철 산과 들의 땅에 반쯤 묻혀 있
는 침엽수의 죽은 나무에 뭉쳐서 자란다. 버섯 갓은 지름 2~5cm로 둥근 산
모양이고 가운데는 황갈색, 가장자리는 노란색이며 축축하면 큰 점성이 생
긴다. 갓 아랫면에는 섬유처럼 생긴 내피막이 있지만 나중에는 가장자리에
붙는다. 주름살은 바른주름살로 처음에 연한 노란색이다가 갈색으로 변한
다. 버섯 대는 굵기 5~10mm, 길이 3~7cm이고 윗부분은 황백색 가루처럼
생긴 것으로 덮여 있고 아랫부분은 갈색 섬유처럼 생겼다. 홀씨는
6.5~7.5×4~5μm로 타원형이다. 식용한다. 목재부후균으로 나무를 부패
시킨다.

약용, 식용여부

식용할 수 있다.

느타리버섯

주름버섯목 느타리과의 버섯.
Pleurotus ostreatus(Jacq.ex Fr.)Quel.

분포지역

전세계

서식장소 / 자생지

활엽수의 고목

크기 갓 나비 5~15cm

생태와 특징

활엽수의 고목에 군생하며, 특히 늦가을에 많이 발생한다. 갓은 나비 5~15cm로 반원형 또는 약간 부채꼴이며 가로로 짧은 줄기가 달린다. 표면은 어릴 때는 푸른빛을 띤 검은색이지만 차차 퇴색하여 잿빛에서 흰빛으로 되며 매끄럽고 습기가 있다. 살은 두텁고 탄력이 있으며 흰색이다. 주름은 흰색이고 줄기에 길게 늘어져 달린다. 자루는 길이 1~3cm, 굵기 1~2.5cm로 흰색이며 밑부분에 흰색 털이 빽빽이 나 있다. 자루는 옆이나 중심에서 나며 자루가 없는 경우도 있다. 포자는 무색의 원기둥 모양이고 포자무늬는 연분홍색을 띤다. 거의 세계적으로 분포한다.

약용, 식용여부

국거리, 전골감 등으로 쓰거나 삶아서 나물로 먹는 식용버섯이며, 인공 재배도 많이 한다.

151

검은비늘버섯

담자균문 균심아강 주름버섯목 독청버섯과 비늘버섯속
Pholiota adiposa (Batsch) P. Kumm.

분포지역

한국, 중국, 유럽, 북미

서식장소/ 자생지

활엽수 또는 침엽수의 죽은 가지나 그루터기

크기

갓 지름 3~8cm, 대 길이 7~14cm, 직경 0.7~0.9cm

생태와 특징

봄부터 가을에 걸쳐 활엽수 또는 침엽수의 죽은 가지나 그루터기에 뭉쳐서 무리지어 발생한다. 검은비늘버섯의 갓은 지름이 3~8cm 정도이며, 처음에는 반구형이나 성장하면서 평반구형 또는 편평형이 된다. 갓 표면은 습할 때 점질성이 있으며, 연한 황갈색을 띠며, 갓 둘레에는 흰색의 인편이 있는데 성장하면서 탈락되거나 갈색으로 변한다. 조직은 비교적 두껍고, 육질형이며, 노란백색을 띤다. 주름살은 대에 완전붙은주름살형이며, 약간 빽빽하고, 처음에는 유백색이나 성장하면서 적갈색으로 된다.

약용, 식용여부

식용버섯이지만 많은 양을 먹거나 생식하면 중독되므로 주의해야 한다. 혈압 강하, 콜레스테롤 저하, 혈전 용해 작용이 있으며, 섭취하면 소화에도 도움이 된다.

꽈리비늘버섯

담자균문 주름버섯목 독청버섯과 비늘버섯속의 버섯
학 명 Pholiota lubrica (Pers.) Sing.

분포지역

한국, 일본, 유럽, 북미

서식장소/ 자생지 숲속의 부엽토, 썩은 그루터기, 나무토막 위

크기 갓 크기 5~10㎝, 자루 길이 5~10㎝, 굵기 0.6~1㎝

생태와 특징

가을에 숲속의 부엽토, 썩은 그루터기, 나무토막 위에 단생~산생한다. 갓은 크기 5~10㎝로 평반구형에서 편평하게 되며, 전체가 약간 파형이 된다. 갓 표면은 습할 때는 강한 점서이 있으며 평활하고, 담황갈색~담적갈색이 된다. 중앙부는 짙은색이며 가장자리는 옅은색이고, 황백색의 작은 인편이 산재한다. 살은 백색이다. 주름살은 바른주름살~홈파진주름살이

되고 밀생하며 백색에서 갈색이 된다. 자루는 길이 5~10㎝, 굵기 0.6~1㎝로 자루 표면은 백색이다. 턱받이 윗쪽은 거의 평활하며, 아래쪽은 백색~갈색의 인편이 덮여 있다.

약용, 식용여부

식용버섯으로 맛이 좋으며, 콜레스테롤 감소 작용이 있다.

153

재비늘버섯

독청버섯과 비늘버섯속의 버섯
Pholiota highlandensis (Peck) A.H. Smith & Hesler

분포지역

한국 (지리산, 무등산), 전세계

서식장소 / 자생지

숯 위나 불에 탄 자리의 땅 위

크기

갓 지름 1.5~5cm, 자루 길이 3~6cm, 두께 3~5mm

생태와 특징

여름에서 가을까지 불탄 자리의 땅 위나 불에 탄 나무 주위에 무리 지어 난다. 버섯갓의 지름은 1.5~5cm이고 초기에는 반구형이었다가 후기에는 편평하게 된다. 표면은 매끈하며 습할 때 젤라틴질이 두드러지고, 건조할 때에는 명주실 형태의 광택이 있으며 누런 갈색이나 어두운 갈색을 띤다. 성장 초기에는 연한 누런색의 얇은 피막이 있으나 곧 없어진다. 주름살은 끝붙은주름살 혹은 완전붙은주름살의 형태로 대에 붙으며 흰색 혹은 옅은 누런색이고 넓고 성글다. 버섯 대는 길이 3~6cm, 두께 3~5mm이고 원통형으로 위아래 굵기가 비슷하거나 기부 쪽이 다소 굵다.

약용, 식용여부

식용할 수 있으나, 독성분을 가지고 있어, 복통 설사 등을 일으킨다.

금빛비늘버섯

주름버섯목 독청버섯과의 버섯
Pholiota aurivella (Batsch) P. Kummer

분포지역

한국(지리산, 소백산, 오대산), 일본, 중국, 유럽, 북아메리카

서식장소 / 자생지 죽은 활엽수

크기 갓 4.0~8.0cm, 자루 길이 3.5~10cm, 너비 4~8mm

생태와 특징

봄에서 가을까지 죽은 활엽수에 무리를 지어 자란다. 갓은 4.0~8.0cm이
고 어릴 때는 둥글다가 자라면서 점차 편평해지며 가운데는 조금 솟아 오
른다. 갓 표면은 노란색이나 황갈색으로 변하고 다양한 크기의 삼각형 갈
색 비늘조각이 있으며 가운데는 촘촘히 나 있으나 떨어지기 쉽다. 살은 노
란색이고 두껍다. 주름은 바른주름 또는 올린주름으로 촘촘히 나 있으며

어릴 때는 백황색 또는 올리브색이고 다 자라면 갈색으
로 변한다. 자루는 길이 3.5~10cm, 너비 4~8mm로 원통
형이며 기부는 부풀고 흰색 균사가 붙어 있는 것도 있
다. 윗부분은 노란색, 아랫부분은 적갈색이다. 포자는
크기가 6.0~7.5×4.0~4.5μm에 이르고 원기둥 모양에
가까우며 막이 두껍다.

약용, 식용여부

식용할 수 있으나, 위장장애를 일으키는 경우가 많다.

큰눈물버섯

주름버섯목 먹물버섯과의 버섯
Psathyrella velutina (Pers.) Singer

분포지역

한국, 일본, 중국, 시베리아 등 북반구 일대

서식장소 / 자생지

숲 속, 길가

크기

버섯 갓 지름 3~10cm, 버섯 대 굵기 3~10mm, 길이 3~10cm

생태와 특징

여름부터 가을까지 숲 속, 길가 등에 무리를 지어 자란다. 버섯 갓은 지름 3~10cm이며 종처럼 생겼으나 가운데가 편평하다. 갓 표면은 바탕이 검은 갈색 또는 누런 갈색이고 섬유처럼 생긴 비늘조각으로 덮여 있으며 가장자리에는 섬유처럼 보이는 털이 붙어 있다. 주름살은 어두운 자줏빛 갈색이고 검은 반점이 생기며 가장자리에는 흰색 가루처럼 생긴 것이 달라붙어 있다. 버섯 대는 굵기 3~10mm, 길이 3~10cm이고 윗부분이 흰색 가루처럼 보이며 버섯 갓과 같은 색의 섬유가 표면을 덮고 있다. 턱받이는 불완전하고 솜털처럼 생겼거나 섬유처럼 보이며 홀씨가 붙어 있어 검은색으로 변한다.

약용, 식용여부

식용버섯으로 구분되어 있으나, 근래 소량의 독성분이 있는 것으로 알려졌다.

산느타리버섯

주름버섯목 느타리과의 버섯
Pleurotus pulmonarius (Fr.) Quel.

분포지역

한국, 일본, 유럽 등 북반구 일대

서식장소 / 자생지 활엽수의 죽은 나무 또는 떨어진 나뭇가지

크기 버섯 갓 지름 2~8cm, 버섯 대 길이 0.5~1.5cm, 굵기 4~7mm

생태와 특징

봄부터 가을에 걸쳐 활엽수의 죽은 나무 또는 떨어진 나뭇가지에 무리를
지어 자라거나 한 개씩 자란다. 버섯 갓은 지름 2~8cm로 처음에 둥근 산
모양이다가 나중에 조개껍데기 모양으로 변한다. 버섯 갓 표면은 어릴 때
연한 회색 또는 갈색이다가 자라면서 흰색 또는 연한 노란색으로 변한다.
살은 얇고 밀가루 냄새가 나며 부드러운 맛이 난다. 주름살은 촘촘한 것도
있고 성긴 것도 있으며, 흰색에서 크림색이나 레몬 색
으로 변한다. 버섯 대는 길이 0.5~1.5cm, 굵기 4~7mm
이며 버섯 대가 없는 것도 있다. 홀씨는 6~10×3~4μm
로 원기둥 모양이고 홀씨 무늬는 회색, 분홍색, 연한 회
색이다. 백색부후균으로 나무에 부패를 일으킨다.

약용, 식용여부

식용할 수 있다. 항종양, 혈당저하 작용이 있다.

흰비늘버섯

주름버섯목 독청버섯과 비늘버섯속
Pholiota lenta (Pers.)

서식장소/ 자생지

침엽수림, 활엽수림 내의 땅 위

크기

갓 크기 3~9cm, 자루 길이 3~9cm, 굵기 0.4~1.2cm

생태와 특징

봄~가을에 침엽수림, 활엽수림 내의 땅 위에 단생~군생한다. 갓은 크기 3~9cm로 둥근산형에서 편평형이 된다. 갓 표면은 어릴 때는 백색~백갈색이며 가장자리에 백색의 인편이 있으나 후에 탈락하게 되고, 중앙은 갈색이나 마르면 담백갈색이다. 습할 때는 점성이 있다.

살(조직)은 백색이다. 주름살은 바른~끝붙은주름살로 주름살 간격이 촘촘하고, 백색~갈색이 된다. 가장자리에는 거미줄 모양의 턱받이 잔존물이 붙어 있다. 자루는 길이 3~9cm, 굵기 0.4~1.2cm로 원통형이며 약간 굽어있다. 자루 표면은 윗쪽은 백색에서 아래쪽으로 갈색을 띠고, 아래는 질기며 목질에 가깝다. 턱받이는 쉽게 탈락한다. 기부는 땅 속의 나무나, 종종 나무 뿌리에 연결되어 있다.

약용, 식용여부

식용버섯이다.

노란난버섯(노란그늘치마버섯)

담자균문 균심아강 주름버섯목 난버섯과 난버섯속
Pluteus leoninus (Schaeff.) P. Kumm.

한국의 식용버섯

분포지역

한국, 동아시아, 유럽, 북미

서식장소/ 자생지

활엽수의 고목, 썩은 나무 등

크기 갓 지름 3~6cm, 대 길이 3~8cm

생태와 특징

봄부터 가을에 걸쳐 활엽수의 고목, 썩은 나무 등에 무리지어 나거나 홀로
발생한다.

이용 식용버섯이다. 노란난버섯의 갓은 지름이 3~6cm 정도이며, 처음에
는 종형이나 성장하면서 중앙볼록편평형이 된다. 갓 표면은 밝은 황색이
며, 습할 때 가장자리 쪽으로 방사상의 선이 보인다. 주
름살은 떨어진주름살형이며, 빽빽하고, 처음에는 백색
이나 성장하면서 연한 홍색이 된다. 대의 길이는 3~8
cm 정도이며, 백색이고, 위아래 굵기가 비슷하고, 아래
쪽에 연한 갈색의 섬유상 인편이 있으며, 속은 처음에
차 있으나 성장하면서 빈다. 조직은 백색이다.

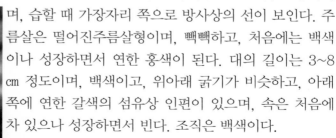

약용, 식용여부

식용으로 맛은 보통이다.

땅비늘버섯(참비늘버섯)

주름버섯목 독청버섯과의 버섯
Pholiota terrestris Overh.

분포지역

한국(가야산, 한라산), 일본, 북아메리카

서식장소 / 자생지

숲 속, 밭, 길가 등의 땅

크기

버섯 갓 지름 2~6cm, 버섯 대 굵기 3~13mm, 길이 3~7cm

생태와 특징

봄부터 가을까지 숲 속, 밭, 길가 등의 땅에 뭉쳐서 자라거나 무리를 지어 자란다. 버섯 갓은 지름 2~6cm로 처음에 둥근 산 모양이다가 나중에 편평해진다. 갓 표면은 축축하면 점성이 있으며 크림색, 육계색, 백갈색으로 어두운 갈색의 비늘조각이 있는 것도 있고 없는 것도 있다. 갓 가장자리는 안쪽으로 감기고 내피막의 비늘조각이 붙어 있다. 살은 부드럽고 연한 노란색이다. 주름살은 바른주름살 또는 올린주름살로 폭이 3~8mm이고 촘촘하며 연한 노란색, 육계색, 암갈색이다.

약용, 식용여부

식용할 수 있으나, 소량의 독성이 있다.
구토, 설사 등의 위장장애를 일으킬 수 있다.

나도느타리버섯

주름버섯목 느타리과의 버섯
Pleurocybella porrigens(Pers.)Singer

분포지역

북한, 일본, 중국, 유럽, 북아메리카

서식장소 / 자생지

숲 속에 있는 침엽수의 썩은 가지

크기 버섯 갓 지름 2~7cm

생태와 특징

여름에서 가을까지 숲 속에 있는 침엽수의 썩은 가지 등에 뭉쳐서 자란다.
자실체는 많이 겹쳐 나서 마치 기왓장을 쌓은 것처럼 보인다. 버섯 갓은 지
름 2~7cm이며 어릴 때는 거의 둥글지만 자라면서 둥근 부채처럼 변한다.
갓 표면은 흰색으로 오래되면 약간 누런빛을 띠고, 밋밋한 편이며 아랫부
분에는 털이 희게 난다. 갓 가장자리는 얇고 안쪽으로
감긴다. 살은 처음에 흰색이다가 자라면서 젖빛 흰색으
로 변하며 얇고 쉽게 부서진다. 맛과 냄새는 나지 않는
다. 주름살은 부챗살처럼 생겼으며 촘촘한 편이고 흰색
으로 폭이 매우 좁으며 두 갈래로 갈라진다. 버섯 대는
보이지 않는다.

약용, 식용여부

식용버섯으로 이용된다.

넓은옆버섯

주름버섯목 송이과의 버섯
Pleurocybella porrigens (Fr.) Sing.

분포지역

한국(가야산) 등 북반구 온대 이북

서식장소 / 자생지

삼나무와 같은 침엽수의 오래된 그루터기 또는 쓰러진 나무

크기

버섯 갓 지름 2~6cm

생태와 특징

가을에 삼나무와 같은 침엽수의 오래된 그루터기 또는 쓰러진 나무 등에 많이 겹쳐서 난다. 버섯 갓은 지름이 2~6cm이며 처음에 둥글다가 귀 모양, 부채 모양, 원 모양을 거쳐 나중에 귀 모양, 부채 모양, 주걱 모양으로 변한다. 갓 표면은 흰색으로 기부에 털이 있으며 가장자리는 안으로 말린다. 살은 흰색으로 얇다. 주름살은 촘촘히 나며 너비가 좁고 가지가 갈라진다. 버섯 대는 거의 없다. 홀씨는 5.5~6.5×4.5~5.5㎛로 보통 공 모양이다.

약용, 식용여부

식용할 수 있고 맛이 좋다.

갈색비늘난버섯 (흰난버섯)

난버섯과의 버섯
Pluteus petasatus (Fr.) Gillet.

분포지역

한국 등 북반구 온대 지역

서식장소 / 자생지

튤립나무의 그루터기

크기

갓 지름 5~15cm, 자루 6~8.2cm×10~20mm

생태와 특징

봄부터 가을까지 튤립나무의 그루터기에 난다. 갓은 지름 5~15cm로 처음에 호빵 모양이다가 편평해진다. 갓 표면은 흰색 또는 크림색 바탕에 갈색 비늘조각이 있으나 주변부는 연한 색이다. 주름살은 처음에 흰색이다가 살색으로 변한다. 자루는 6~8.2cm×10~20mm의 흰색 섬유처럼 생겼으며 기부에 갈색의 비늘조각이 있다. 특유의 냄새가 있다. 포자는 6~7.6×4~5μm로 넓은 타원형이다. 옆낭상체는 두꺼운 막인데 끝에 고리가 있다.

약용, 식용여부

식용할 수 있다.

노란느타리

주름버섯목 느타리과의 버섯
Pleurotus citrinopileatus Singer

분포지역

한국(한라산), 일본, 중국, 시베리아, 터키, 유럽, 북
아메리카

서식장소 / 자생지

활엽수의 그루터기

크기 갓 지름 2~9cm, 버섯 대 길이 2~5cm

생태와 특징

북한명은 노란버섯이다. 여름부터 가을에 걸쳐 활엽수의 쓰러진 나무 또
는 그루터기 등에 무리를 지어 자란다. 자실체는 한 그루에서 집단으로 발
생하며 전체가 지름 15cm, 높이 10cm에 이른다. 버섯 갓은 지름 2~9cm로
처음에 호빵 모양이다가 나중에 깔때기 모양으로 변한다. 갓 표면은 축축
하고 밋밋하며 노란색 또는 연한 노란색으로 가운데 또는 가장자리에 흰색
섬유처럼 생긴 솜털 모양의 비늘조각이 붙어 있다. 살은 흰색이며 밀가루
냄새가 난다. 주름살은 내린주름살로 처음에 흰색이다가 노란색으로 변한
다. 버섯 대는 흰색 또는 노란색으로 길이 2~5cm이며 서로 붙어 2~4회 가
지를 친다. 홀씨는 원기둥 모양이고 홀씨 무늬는 자줏빛을 띤 회색이다.

약용, 식용여부

식용할 수 있다.

분홍느타리

담자균문 주름버섯목 느타리과 느타리속의 버섯
Pleurotus djamor (Rumph.) Boedijn

분포지역

한국

서식장소/ 자생지

버드나무, 포플러 등 활엽수의 그루터기 또는 고사목

크기

갓 크기 2.5-14㎜

생태와 특징

여름부터 가을에 버드나무, 포플러 등 활엽수의 그루터기 또는 고사목에 다수 군생한다. 갓은 크기가 2.5-14㎜로 성장 초기에는 반반구형이고 끝 부위는 안쪽으로 말려 있으나. 성장하면 점차 펼쳐져서 부채형~조개 형으로 되며 끝 부위가 다소 파상형으로 된다. 표면은 평활하거나 다소 면모 상이고, 어리거나 선선할 때에는 아름다운 분홍색을 띠나 성장하면 퇴색한다.

약용, 식용여부

식용할 수 있으며, 다소 밀가루냄새가 나며 성숙하면 균사가 섬유질화되어 질기다는 단점이 있다.

노루버섯

주름버섯목 닭알독버섯과의 버섯
Pluteus cervinus (Schaeff.) P. Kumm.

한국의 식용버섯

분포지역

북한(묘향산, 평성시), 일본, 중국, 유럽, 북아메리카, 오스트레일리아

서식장소 / 자생지

활엽수림 또는 혼합림 속의 땅이나 썩은 나무

크기 갓 지름 5~9cm, 대 지름 0.4~1.2cm, 길이 5~10cm

생태와 특징

봄에서 가을까지 활엽수림 또는 혼합림 속의 땅이나 썩은 나무에 여기저기 흩어져 자라거나 한 개씩 자란다. 버섯 갓은 지름 5~9cm로 처음에 종 모양이다가 나중에 넙적한 둥근 산 모양을 거쳐 나중에는 거의 편평해지며 가운데가 약간 봉긋해진다. 갓 표면은 축축하면 약간의 점성을 띠고 잿빛 밤색으로 가운데로 갈수록 어두워지며 밋밋한 편이거나 부채 모양의 섬유무늬 또는 작은 비늘로 덮여 있다. 살은 흰색으로 얇으며 불쾌한 맛과 냄새가 난다. 주름살은 끝붙은주름살로 촘촘하고 폭이 넓으며 처음에 흰색이다가 나중에 살구 색으로 변한다. 버섯 대는 지름 0.4~1.2cm, 길이 5~10cm로 위아래의 굵기가 거의 같고 밑 부분은 둥근 뿌리 모양에 가깝다.

약용, 식용여부

식용할 수 있다. 항종양 작용이 있다.

살구버섯

주름버섯목 송이과 Rhodotus속 버섯
Rhodotus palmatus(Bull.) Maire

분포지역

북반구 온대이북

서식장소/ 자생지

부후목

크기

갓 지름 2.5-9㎝, 대길이2.5~5㎝, 두께3~5㎜

생태와 특징

봄과 가을에 걸쳐 부후목에 발생하며 특히 느릅나무에 발생한다. 북반구 온대이북에 분포한다. 전체가 핑크색~담홍색이며, 갓의 표면은 평활하거나 망목상의 주름이 있는 경우가 많다. 주름은 약간 성기며 핑크색~담홍색이다 대는 짧고, 편심생으로 백색~핑크색이다. 포자는 6~8㎛이고 대략 구형이다.

약용, 식용여부

식용버섯이다. 약간의 과실 냄새가 있고 육질은 질기어 씹는 맛이 있다. 약간의 쓴맛이 있다.

외대덧버섯

외대버섯속 외대버섯과의 버섯
Rhodophyllus crassipes (Imaz. et Toki) Imaz. et Hongo

분포지역

두륜산, 가야산, 변산반도국립공원, 일본

서식장소 / 자생지

활엽수 밑의 땅

크기

버섯 갓 6~12cm, 자루 길이 10~20cm, 굵기 1.5cm~2cm

생태와 특징

가을에 활엽수림 숲 안의 땅 위에 무리 지어 살거나 따로 떨어져서 산다. 갓의 지름은 6~15cm로 처음에는 종모양이지만, 후에는 편평하게 되고 가운데는 볼록해진다. 표면은 평활하고 연한 잿빛을 띤 갈색이며, 하얀색의 섬유상 분질물이 엷게 깔려 있다. 물방울 모양의 얼룩모양의 점이 관찰되기도 한다. 주름은 다소 빽빽하고 처음에 하얀색이었다가 이후에는 옅은 붉은색으로 변한다. 대의 길이는 8~18cm이고 굵기는 0.5~2.5cm로 하얀색을 띠며 속이 차 있다. 위아래의 굵기는 동일하지만 때로는 아랫부분이 더 굵고 단단하다. 한국의 경우 변산반도국립공원이나 가야산 등지에 분포하며, 일본 등에서 자생한다.

약용, 식용여부

식용버섯이며 쓴맛이 있다.

점박이버터버섯(점박이애기버섯)

담자균문 주름버섯목 낙엽버섯과 버터버섯속의 버섯
Rhodocollybia maculata (Alb. & Schwein.) Singer

분포지역

한국, 유럽, 북아메리카

서식장소/ 자생지 침엽수, 활엽수림의 땅

크기 갓 지름 7~12㎝, 자루 길이 7~12㎝, 굵기1~2㎝

생태와 특징

여름부터 가을까지 침엽수, 활엽수림의 땅에 홀로 또는 무리지어 나며 부생생활을 한다. 갓의 지름은 7~12㎝로 처음은 둥근 산 모양에서 차차 편평하게 된다. 처음에는 자실체 전체가 백색이나 차차 적갈색의 얼룩 또는 적갈색으로 된다. 갓 표면은 매끄럽고 가장자리는 처음에 아래로 말리나 위로 말리는 것도 있다. 살은 백색이며 두껍고 단단하다. 주름살은 폭이 좁고 밀생하며 올린 또는 끝붙은주름살인데, 가장자리는 미세한 톱니처럼 되어있다. 자루의 길이는 7~12㎝이고 굵기는1~2㎝로 가운데는 굵고 기부 쪽으로 가늘고 세로 줄무늬 홈이 있으며 질기고 속은 비어 있다.

약용, 식용여부

식용이지만 종종 쓴맛이 난다.
혈전 용해 작용이 있다.

청머루무당버섯

주름버섯목 무당버섯과의 버섯
Russula cyanoxantha

분포지역

한국(소백산, 지리산), 일본, 중국, 시베리아, 소
아시아, 유럽, 북아메리카, 아프리카, 오스트레일
리아

서식장소 / 자생지

활엽수림의 땅

크기

버섯 갓 지름 6~10cm, 버섯 대 길이 4~5cm, 굵기 1.3~2cm

생태와 특징

북한명은 색깔이갓버섯이다. 여름부터 가을까지 활엽수림의 땅에 자란다.
버섯 갓은 지름 6~10cm로 처음에 둥근 산 모양이다가 차차 가운데가 파인
다. 갓 표면은 자주색, 연한 자주색, 녹색, 올리브색 등이 섞여 있으므로 대
단히 변화가 많고 주름살은 흰색이다. 버섯 대는 길이 4~5cm, 굵기 1.3~2
cm로 위아래의 굵기가 같거나 아랫부분이 더 가늘며 단단하고 흰색이다.
홀씨는 7~9.5×5.5~7.5μm로 공 모양에 가까우며 작은 가시가 있다.

약용, 식용여부

식용할 수 있다.

기와버섯

주름버섯목 무당버섯과의 버섯
Russula virescens (Schaeff,) Fr.

분포지역

한국, 일본, 타이완, 중국, 시베리아, 유럽, 북아메리카

서식장소 / 자생지

활엽수림의 땅 위

크기 버섯 갓 지름 6~12㎝, 버섯 대 굵기 2~3㎝, 길이 5~10㎝

생태와 특징

청버섯, 청갈버섯이라고도 하며 북한명은 풀색무늬갓버섯이다. 여름에서 가을까지 활엽수림의 땅 위에 한 개씩 자란다. 버섯 갓은 지름 6~12㎝이고 처음에 둥근 산 모양이다가 편평해지며 나중에는 깔때기 모양으로 변한다. 갓 표면은 녹색이나 녹회색이고 표피는 다각형으로 불규칙하게 갈라져 얼룩무늬를 보인다. 살은 단단하며 흰색이다. 주름살은 처음에 흰색이지만 나중에 크림색으로 변한다. 버섯 대는 굵기 2~3㎝, 길이 5~10㎝이고 속이 차 있다. 버섯 대 표면은 단단하고 흰색이다. 홀씨는 지름 약 1㎝, 길이 5~7㎝이고 공 모양에 가까우며 작은 돌기와 가는 맥이 이어져 있다.

약용, 식용여부

무당버섯류에서는 가장 맛있는 버섯으로 통하며, 한방에서는 시력저하, 우울증에 도움이 된다고 한다.

졸각무당버섯

주름버섯목 무당버섯과의 버섯
Russula lepida Fr.

분포지역

한국 등 북반구 온대 이북

서식장소 / 자생지

활엽수림 속의 땅

크기

버섯 갓 지름 5~11cm, 버섯 대 굵기 1~2.5cm, 길이 3~9cm

생태와 특징

북한명은 피빛갓버섯이다. 여름부터 가을까지 활엽수림 속의 땅에 무리를 지어 자란다. 버섯 갓은 지름 5~11cm이고 처음에 둥근 산처럼 생겼다가 나중에 편평해지며 가운데가 약간 파여 있다. 갓 표면은 점성이 있으며 핏빛이나 분홍색이고 때로는 갈라져서 흰색 살이 드러난다. 살은 단단하고 흰색이다. 매운맛이 나거나 맛이 없는 것도 있다. 주름살은 불투명한 흰색이고 버섯 갓 가장자리는 붉은색이다. 버섯 대는 굵기 1~2.5cm, 길이 3~9cm이고 표면이 연한 홍색이거나 흰색이다. 홀씨는 8~9.5×6~8μm이고 달걀 모양이며 표면에 가시와 불완전한 그물눈이 있다.

약용, 식용여부

식용할 수 있다. 항종양 작용이 있다.

애기버터버섯

담자균문 균심아강 주름버섯목 송이과 애기버섯속
Rhodocollybia butyracea(Bull.) Lennox

분포지역

한국, 유럽, 북아메리카, 북반구 일대

서식장소/ 자생지

활엽수 및 침엽수의 떨어진 가지나 낙엽 위

크기 갓 지름 3~7cm, 대 2.5~5×0.5~1cm

생태와 특징

갓은 지름 3~7cm로 평반구형에서 편평 형이 되며, 종종 가운데가 볼록하다. 갓 표면은 평활하며, 습할 때는 적갈색이고 윤기가 있으나, 건조하면 황갈색이 된다. 조직은 백색으로 수분이 많다. 주름살은 떨어진 형으로 빽빽하고 백색이다. 대는 2.5~5×0.5~1cm로 거의 곤봉 형이며, 표면은 갓과 같은 색이거나 옅은 색이며, 기부는 백색 균사로 덮여 있다. 포자는 5~7×2.5~4μm로 타원형이며, 표면은 평활하고, 포자문은 담황색이다. 여름~가

을에 활엽수 및 침엽수의 떨어진 가지나 낙엽 위에 산생한다. 한국, 유럽, 북아메리카, 북반구 일대에 분포한다.

약용, 식용여부

식용버섯으로 갓 표면에 버터를 바른 듯이 윤기가 난다.

173

절구버섯

주름버섯목 무당버섯과의 버섯
Russula nigricans(Bull.)Fr.

분포지역

한국, 일본, 유럽, 미국

서식장소 / 자생지

활엽수림 속의 땅 위

크기

버섯 갓 지름 8~15㎝, 버섯 대 7~9㎝×6~7.5㎝

생태와 특징

북한명은 성긴주름검은갓버섯이다. 여름과 가을에 주로 활엽수림 속의 땅 위에 자란다. 버섯 갓은 지름 8~15㎝로 처음에 둥근 모양이나 점차 중앙부가 오목하게 들어가서 절구 모양이 된다. 갓 표면은 처음에 탁한 흰색이다가 어두운 갈색이 되며 마지막에 거의 검은색으로 변한다. 살은 단단하고 흰색이지만 흠집이 생기면 붉은색이 되며 나중에는 검은색으로 변한다. 주름살은 폭이 넓고 성기며 처음에 흰색이지만 오래되면 검은색으로 변하고 버섯 대에 바로 붙어 있다. 버섯 대는 7~9㎝×6~7.5㎝로 단단하며 표면에 가는 가시와 뚜렷하지 않은 그물눈이 있다. 홀씨는 공 모양이고 표면에 작은 돌기가 있다.

약용, 식용여부

식용할 수 있으나, 위장장애를 일으킨다.

구리빛무당버섯

주름버섯목 무당버섯과의 버섯
Russula aeruginea Fr.

분포지역

한국, 북한(백두산), 중국, 북아메리카

서식장소 / 자생지

숲 속의 땅 위

크기 갓 지름 5~8cm, 자루 길이 4~6cm

생태와 특징

여름에서 가을까지 숲 속의 땅 위에 자란다. 갓은 지름 5~8cm이고 어릴 때는 방석 모양이고 차차 원뿔 모양이 되었다가 편평해지는데 가운데는 오목하다. 갓 가장자리는 부서지기 쉬우며 방사상의 줄이 있다. 갓 표면은 처음에 회색빛을 띤 올리브색이다가 노란빛을 띤 푸른색으로 변하며 노란색  의 얼룩이 있다. 또한 갓 표면은 끈적거리는 것도 있으나 벨벳처럼 부드럽거나 매끄러운 것도 있으며 갈라지기도 한다. 주름은 황백색 내린주름으로 촘촘히 나 있다. 살은 흰색이고 부서지기 쉽다. 자루는 황백색으로 매끄럽고 길이는 4~6cm에 이르며 아랫부분은 어두운 색으로 가늘다.

약용, 식용여부

식용버섯으로 이용된다.

혈색무당버섯

주름버섯목 무당버섯과의 버섯

Russula sanguinea (Bull.) Fr.

분포지역

한국, 일본, 유럽, 북아메리카, 오스트레일리아

서식장소 / 자생지

소나무숲 속의 모래땅

크기

버섯 갓 지름 4~10cm, 버섯 대 길이 8~13cm

생태와 특징

가을철 소나무숲 속의 모래땅에 무리를 지어 자란다. 버섯 갓은 지름 4~10cm이고 처음에 호빵 모양이다가 나중에 깔때기 모양으로 변한다. 갓 표면은 핏빛이고 가장자리는 편평하면서 매끈하며 표피는 잘 벗겨지지 않는다. 주름살은 폭이 좁고 촘촘하며 처음에 흰색이다가 나중에 크림색으로 변한다. 살은 조직이 촘촘하고 흰색이며 맛이 맵다. 버섯 대는 길이 8~13cm이고 처음에 흰색이다가 나중에 흰색빛을 띤 붉은색으로 변한다. 홀씨는 7~8×6~7㎛이며 공 모양에 가깝고 표면에 가시가 많다. 홀씨 무늬는 불투명한 흰색이다.

약용, 식용여부

식용과 약용할 수 있다.

땅송이

송이버섯과 송이속
Tricholoma myomyces (Pers.)J.E.Lange

분포지역

한국(가야산, 지리산, 한라산), 북한(대성산, 금강산) 등 북반구 온대

서식장소/ 자생지

숲 속의 땅

크기 버섯갓 지름 3~8cm, 버섯대 지름 0.7~1.5cm, 길이 4~8cm

생태와 특징

북한명은 검은무리버섯이다. 여름에서 가을까지 숲 속의 땅에 무리를 지어 자란다. 버섯갓은 지름 3~8cm로 어릴 때는 종처럼 생겼으나 자라면서 편평해지며 가운데는 약간 봉긋하다. 갓 표면은 말라 있으며 재색이나 잿빛을 띤 밤색으로 가운데는 검은색에 가깝고 섬유처럼 생긴 밤색 비늘이

있다. 살은 흰색이으로 겉껍질밑은 회색을 띠며 얇은 편이고 쉽게 부서진다. 맛이 부드럽다. 주름은 너비가 넓으며 약간 촘촘히 나고 흰색 또는 회색이다.
 버섯대의 끝부분은 흰 가루로 덮여 있고 나머지 부분은 솜처럼 생긴 섬유가 있다. 버섯대의 속이 차 있거나 해면처럼 생겼다.

약용, 식용여부

식용할 수 있다.

장식솔버섯

송이버섯과 솔버섯속의 버섯

Tricholomopsis decora (Fr.) Sing

분포지역

한국 (지리산), 일본, 미국, 유럽

서식장소 / 자생지

침엽수의 그루터기

크기

버섯 갓 지름 3~6cm

생태와 특징

여름에서 가을에 걸쳐 침엽수의 그루터기 옆에 홀로 자라거나 무리 지어 난다. 버섯 갓의 지름은 3~6cm이며 둥근 산 모양에서 차차 편평한 모양으로 변화하며, 이때 가운데는 약간 들어간다. 표면은 가끔 굴곡이 지며 울퉁불퉁하고, 노란색 또는 황토색으로 갈색의 섬유 모양의 인편이 분포되어 있다. 오래되면 검은 갈색이 섞인 황토색으로 변한다. 조직은 짙은 황색이며 주름살은 누런색 혹은 황토색으로, 바른주름살 혹은 홈파진주름살의 형태로 대에 붙어 빽빽하게 난다. 버섯 대는 길이 3~6cm, 두께 4~6mm이고 조직과 같은 색이고 매끈하며 다소 섬유상이다. 홀씨는 타원형이며 크기 6~7.5×4.5~5.2μm이고 매끈하다.

약용, 식용여부

식용할 수 있으나, 다소 쓴맛이 난다.

치마버섯

주름버섯목 치마버섯과의 버섯

Schizophyllum commune Fr.

분포지역

한국, 유럽, 북아메리카 등 전세계

서식장소 / 자생지

말라 죽은 나무 또는 나무 막대기, 활엽수와 침엽수의 용재

크기 버섯 갓 지름 1~3cm

생태와 특징

봄에서 가을까지 말라 죽은 나무 또는 나무 막대기, 활엽수와 침엽수의 용재에 버섯 갓의 옆이나 등 면의 일부가 달라붙어 있다. 버섯 갓은 지름 1~3cm이고 부채꼴이나 치마 모양이며 손바닥처럼 갈라지기도 한다. 갓 표면은 흰색, 회색, 회갈색이고 거친 털이 촘촘하게 나 있다. 주름살은 처음에 흰색이지만 점차 회색빛을 띤 자갈색을 띠며, 버섯대가 없이 갓의 한쪽이 기부에 붙어 부챗살 모양으로 퍼져 있다.

약용, 식용여부

어린 버섯은 식용하며, 섭취하면 자양강장에 도움이 되고, 항종양, 면역강화, 상처치유, 항산화작용이 있다. 이 버섯의 sizofiran성분은 암 치료제로 이용된다.

방패비늘광대버섯

주름버섯목 주름버섯과의 버섯
Spuamanita umbonata (Sumst.) Bas

분포지역

한국(가야산), 일본, 북아메리카

서식장소 / 자생지

소나무 숲 또는 혼합림의 흙

크기

버섯 갓 지름 4.6~6cm, 버섯 대 5~8×1~1.5cm

생태와 특징

여름철 소나무 숲 또는 혼합림의 흙에 무리를 지어 자라거나 한 개씩 자란 다. 버섯 갓은 지름 4.6~6cm로 처음에 원뿔 모양 또는 종 모양이다가 나중 에 가운데가 봉긋하고 둥글게 변한다. 갓 표면은 갈색이며 가운데가 진한 갈색이고 솜털 같은 비늘이 있다. 살은 흰색으로 얇다. 주름살은 바른주름 살 또는 약간 내린주름살로 촘촘하고 폭이 6~8mm이며 흰색으로 칼 모양이 다. 버섯 대는 5~8×1~1.5cm로 뒤틀리고 기부가 불룩하다. 버섯고리의 아 래쪽은 갈색이고 위쪽은 흰색이며 떨어지기 쉽다. 흙 속에서 뾰족하게 나 오거나 큰 덩어리를 이룬다.

약용, 식용여부

식용할 수 있다.

황갈색송이

담자균문 주름버섯목 송이과 송이속의 버섯
Tricholoma fulvum (Bull.) Sacc.

분포지역

한국, 일본, 유럽, 북미

서식장소/ 자생지

활엽수림, 특히 자작나무, 가문비나무 밑의 땅 위

크기 갓은 크기 5~10㎝, 자루는 길이 5~10㎝, 굵기 1~2㎝

생태와 특징

가을에 활엽수림, 특히 자작나무, 가문비나무 밑의 땅 위에 단생~군생한
다. 갓은 크기 5~10㎝로 반구형에서 볼록 편평 형이 된다. 갓 표면은 적갈
색~황갈색, 중앙부는 짙은색이고, 습할 때는 점성이 있다. 살은 백색~담
황색이 되고, 약간 쓴맛이 있다. 주름살은 홈파진주름살로 약간 촘촘하고,
처음에는 담황색이나 후에 갈색 얼룩이 생긴다. 자루는
길이 5~10㎝, 굵기 1~2㎝로 자루 표면은 담황색, 아래
는 적갈색의 세로 섬유가 있다. 기부는 약간 굵다. 포자
는 크기 5~7×4.2~5.8㎛이다. 광타원형이고, 표면은
평활하며, 포자문은 백색이다.

약용, 식용여부

식용할 수 있지만, 생식하면 중독된다.

솔버섯

주름버섯목 송이과의 버섯
Tricholomopsis rutilans (Schaeff.) Sing.

분포지역

한국, 북한, 일본, 중국, 유럽

서식장소 / 자생지

침엽수의 썩은 나무 또는 그루터기

크기

버섯 갓 지름 4~20㎝, 버섯 대 길이 6~20㎝, 굵기 1~2.5㎝

생태와 특징

북한명은 붉은털무리버섯이다. 여름부터 가을까지 침엽수의 썩은 나무 또는 그루터기에 뭉쳐서 자라거나 한 개씩 자란다. 버섯 갓은 지름 4~20㎝로 처음에 종 모양이다가 나중에 편평해진다. 갓 표면은 노란색 바탕에 어두운 붉은 갈색 또는 어두운 붉은색의 작은 비늘조각으로 덮여 있고 연한 가죽과 같은 느낌이 든다. 주름살은 바른주름살 또는 홈파진주름살로 촘촘하며 노란색이고 가장자리에는 아주 작은 가루 같은 것으로 덮여 있다. 버섯 대는 길이 6~20㎝, 굵기 1~2.5㎝로 뿌리부근이 약간 더 가늘고 노란색 바탕에 적갈색의 작은 비늘조각으로 덮여 있다.

약용, 식용여부

식용하기도 하지만 설사를 일으킬 수 있기 때문에 주의해야 한다. 항산화 작용이 있다.

제주비단털버섯

담자균류 주름버섯목 난버섯과의 버섯
Volvariella gloiocephala(DC.) Boekhout&Enderle

분포지역

한국(제주도, 영실), 아시아, 유럽, 북미, 북아프리카

서식장소/ 자생지

표고 폐목 주위 지상

크기 갓 지름 45~122mm, 대 크기 120~180×5~16μm

생태와 특징

자실체가 성장 초기에는 밤색의 달걀모양이나 점차 윗부분이 파열되어 갓
과 대가 나타난다. 갓은 직경이 45~122mm로 초기에는 난형이나 성장하면
종형~중앙볼록반 반구형으로 된다. 표면은 평활하거나 외피막 잔유물이
부착되어 있으며, 습할 때 점성이 있다. 회색갈회색을 띤다. 조직은 비교적
얇다. 주름살은 길이가 15~20mm이며, 빽빽하고 초기에

는 백색이나 포자가 성숙하면 어두운 분홍색을 띠며,
주름살끝은 미세분질상이다. 대는 크기가 120~180×
5~16μm로 원통형이고 하부쪽이 다소 굵으며 백색을 띤
다. 대기부쪽에 부드러운 털이 밀포되어 있고 기부에
백색 대주머니가 있다.

약용, 식용여부

식용가능하다.

흰비단털버섯

주름버섯목 난버섯과의 버섯
Volvariella bombycina

분포지역

전세계

서식장소 / 자생지

여름과 가을에 활엽수의 고목이나 톱밥 등의 썩은 곳

크기

갓 지름 7~21cm

생태와 특징

여름과 가을에 활엽수의 고목이나 톱밥 등의 썩은 곳에 발생한다. 갓은 지름 7~21cm이고 처음에는 종 모양이나 점차 편평하게 펴지며 중앙부는 돌출한다. 갓의 표면은 백색이며 극히 미세한 비단실과 같은 털로 덮여 있어 비로드 같은 촉감을 주고 살은 연하다. 주름은 처음에는 백색이지만 홍색으로 변하고 자루 끝에 붙어 있다. 자루는 7~15×1~2cm이고 표면은 백색이며 속이 차 있고 위쪽으로 갈수록 가늘어진다. 또한 밑동에는 백색의 막질 주머니로 싸여 있다. 포자胞子는 타원형이고 매끄러우며 포자무늬는 홍색이다.

약용, 식용여부

식용할 수 있다.

왕그물버섯

주름버섯목 그물버섯과의 버섯
Boletus edulis

분포지역

북한(금강산, 백두산), 일본, 중국, 유럽, 북아메리카, 오스트레일리아, 아
프리카

서식장소 / 자생지

혼합림 속의 땅

크기 버섯 갓 지름 7~22cm, 버섯 대 지름 1.2~3cm, 길이 7~12cm

생태와 특징

여름에서 가을까지 혼합림 속의 땅에 무리를 지어 자라거나 한 개씩 자란
다. 버섯 갓은 지름 7~22cm로 처음에 거의 둥글지만 나중에 펴지면서 만
두 모양으로 변한다. 갓 표면은 축축하면 약간 끈적끈적하고 거의 밋밋하

며 밤색, 어두운 밤색, 붉은밤색, 누런밤색 등이다. 대
개 가장자리는 색깔이 연하다. 살은 두꺼우며 흰색 또
는 누런색이고 겉껍질 밑과 관공 주위는 붉은빛을 띠는
데 공기에 닿아도 푸른색으로 변하지 않는다. 버섯 대
표면은 전체적으로 특히 윗부분에 흰색을 띤 그물무늬
가 있으며 밑부분에 흰색의 부드러운 털이 있다.

약용, 식용여부

식용하거나 약용할 수 있다.

붉은그물버섯

담자균문 그물버섯목 그물버섯과 그물버섯속의 버섯
Boletus fraternus Peck.

분포지역
한국. 일본. 중국. 유럽

서식장소/ 자생지
숲속의 땅 위나 잔디밭

크기
갓 지름 4~7㎝

생태와 특징
여름부터 가을에 숲속의 땅 위나 잔디밭에 난다. 갓은 지름 4~7㎝로 반구형에서 호빵 형으로 된다. 갓 표면은 매끄럽고 건조하며 적갈색 또는 혈홍색을 띠고, 표피는 갈라져서 가늘게 갈라지기 쉽다. 살은 황색이며 표피 바로 아래는 담홍색이나 공기와 접촉하면 잠시 후 청색으로 변한다. 관은 황색인데, 상처를 입은 부분은 녹색이 된다. 자루는 높이 3~6㎝로 황색 바탕에 붉은 선이 있고 때로는 비뚤어진다. 포자는 타원형, 지름 10~12×5~6㎛이다.

약용, 식용여부
식용과 약용할 수 있다.

흑자색그물버섯(가지색그물버섯)

주름버섯목 그물버섯과의 버섯
Boletus violaceofuscus Chiu

분포지역

한국, 일본, 중국

서식장소 / 자생지 활엽수림 속의 땅 위

크기 버섯 갓 지름 5~10cm, 버섯 대 굵기 1~1.5cm, 길이 7~9cm

생태와 특징

가지색그물버섯이라고도 한다. 여름에서 가을까지 활엽수림 속의 땅 위에
한 개씩 자란다. 버섯 갓은 지름 5~10cm이고 처음에 반구 모양이다가 둥
근 산 모양으로 변하며 나중에 편평해진다. 갓 표면은 밋밋하며 축축할 때
는 점성이 약간 생기고 암자색 또는 흑자색 바탕에 노란색, 올리브색, 갈색
등의 얼룩무늬가 보인다. 살은 흰색이고 두꺼우며 처음에 단단하다가 나중

에는 물렁물렁해진다. 관은 길이 7~13mm이며 처음에
흰색이지만 노란색으로 변하고 나중에 황갈색이 된다.
구멍은 둥글고 작다. 버섯 대는 굵기 1~1.5cm, 길이
7~9cm이고 아랫부분이 약간 더 굵다. 버섯 대 표면은
암자색 바탕에 흰색의 그물무늬가 길게 나 있다.

약용, 식용여부

식용할 수 있다.

방망이황금(빨간)그물버섯

둘레그물버섯과 버섯
Boletus paluster Peck

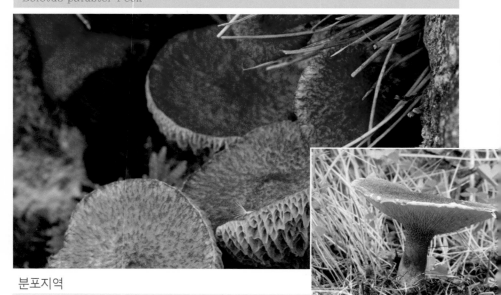

분포지역

북한(금강산, 백두산), 일본, 중국, 유럽, 북아메리카, 오스트레일리아

서식장소/ 자생지

피나무 등 활엽수의 죽은 줄기와 나뭇가지

크기

버섯갓 지름 10~15cm, 버섯대 지름 3.5×4cm, 길이 1.5cm

생태와 특징

여름부터 가을에 숲속의 땅에 군생한다. 자실체는 약간 원추상에서 편평하게 된다. 때때로 가운데가 높다. 자실체 크기는 2~7cm이다. 자실체 조직은 황색균모의 표피아래는 적색이고 상처 시 변색안하고 다소 신맛이 있다.

자실체 표면은 적자~장미색, 솜털상~섬유상의 털이 있다. 보통 가는 털이 있다. 자실층은 관공은 짧고 황색에서 오황토색으로 되고 방사 방향의 벽이 발달하여 관공으로 보이는 때도 있다. 구멍은 방사상으로 배열하고 다각형으로 대형이다. 관공 및 구멍은 상처 시 변색 안한다. 대 길이 3~6cm 이고 가늘고 거의 같은 폭이고 석은 차 있다. 꼭대기는 황색이고 그물눈이 있고 아래쪽은 균모와 같은 색이고 약간 거칠고 매끈하다.

약용, 식용여부

식용할 수 있다.

껄껄이그물버섯

주름버섯목 그물버섯과 껄껄이그물버섯속 버섯
Leccinum extremiorientale (Lar.N. Vassiljeva) Singer

분포지역

한국(남산, 가야산, 변산반도국립공원, 지리산, 한라산), 일본, 북아메리카

서식장소/ 자생지

활엽수가 섞인 소나무숲의 땅

크기 버섯갓 지름 7~20㎝, 버섯대 굵기 2.5~5.5㎝, 길이 5~13㎝

생태와 특징

껄껄이그물버섯의 갓은 지름 7~20㎝ 정도로 처음에는 반구형이나 성장
하면서 편평형이 된다. 갓 표면은 황토색 또는 갈색이며, 융단형의 털이 있
으며, 주름져 있고, 건조하거나 성숙하면 갈라져 연한 황색의 조직이 보이
고, 습하면 약간 점성이 있다. 조직은 두껍고 치밀하며, 백색 또는 황색이

다. 관공은 끝붙은관공형이며, 황색 또는 황록색이 되
고, 관공구는 작은 원형이다. 대의 길이는 5~15㎝ 정도
이며, 아래쪽 또는 가운데가 굵고, 황색 바탕에 황갈색
의 미세한 반점이 있다. 포자문은 황록갈색이며, 포자
모양은 긴 방추형이다.

약용, 식용여부

식용버섯이다. 대형의 버섯으로, 갓 표면이 갈라져 있
어서 쉽게 확인할 수 있다.

노란소름그물버섯

주름버섯목 그물버섯과의 버섯
Leccinum aurantiacum

분포지역

북한(대성산), 일본, 중국, 유럽, 북아메리카

서식장소 / 자생지

사스래나무, 전나무, 가문비나무로 이루어진 숲과 잣나무 등
으로 이루어진 활엽수림 속의 땅

크기

버섯 갓 지름 4~20㎝, 버섯 대 지름 1~5㎝, 길이 5~20㎝

생태와 특징

여름에서 가을까지 사스래나무, 전나무, 가문비나무로 이루어진 숲과 잣
나무 등으로 이루어진 활엽수림 속의 땅에 여기저기 흩어져 자란다. 버섯
갓은 지름 4~20㎝로 반구 모양 또는 만두 모양이고 가운데가 약간 볼록하
다. 갓 표면은 붉은빛 감색, 밤빛 감색, 밤빛 붉은색이지만 축축하면 색이
바래는데, 부드러운 털로 덮여 있고 건조한 성질이 있다. 갓 가장자리는 얇
고 대개 막 조각이 붙어 있는 경우가 많다. 버섯 대 표면은 잿빛 흰색으로
잿빛 밤색 또는 검은색의 작은 비늘조각이 붙어 있으며 밑 부분은 흠집이
나면 푸른색으로 변한다.

약용, 식용여부

식용할 수 있다.

거친껄껄이그물버섯

주름버섯목 그물버섯과의 버섯
Leccinum scabrum

분포지역 한국, 아시아, 유럽, 북아메리카

서식장소 / 자생지

낮은 지대에서부터 해발고도 2,000m 이상의 높은 지대에 이르는 지역의 수림 내 땅 위

크기 버섯 갓 지름 5~15cm, 버섯자루 길이 7~13cm, 지름 1~3cm

생태와 특징

여름에서 가을까지 낮은 지대에서부터 해발고도 2,000m 이상의 높은 지대에 이르는 지역의 수림 내 땅 위에 돋는다. 버섯 갓은 지름이 5~15cm이며 처음에는 반구 모양이다가 점차 평평하게 펴진다. 갓의 표면은 회백색, 연한 황갈색, 진한 밤색, 회색 등이며 습기가 있을 때에는 약간 점성이 있다.

버섯 살은 두껍고 치밀하며 보통 흰색이다. 속이 차 있는 버섯자루는 길이 7~13cm, 지름 1~3cm이고 위쪽으로 가면서 점차 가늘어지며 한쪽으로 구부러진다. 자루의 표면은 흰색 또는 회백색 바탕에 회갈색, 흑갈색의 비늘 조각 같은 작은 돌기 또는 뚜렷하지 않은 그물 모양의 가는 줄이 엉켜 있다.

약용, 식용여부

식용버섯이긴 하지만, 생식하면 중독된다.

흰둘레그물버섯

주름버섯목 그물버섯과의 버섯
Gyroporus castaneus (Bull.) Quel.

분포지역

한국(무등산) 등 북반구 온대 이북

서식장소 / 자생지

소나무 등 침엽수림의 땅

크기

버섯 갓 지름 4~7㎝, 버섯 대 굵기 7~12㎜, 길이 5~8㎝

생태와 특징

북한명은 밤색그물버섯이다. 여름부터 가을까지 활엽수림의 땅에 무리를 지어 자라거나 한 개씩 자란다. 버섯 갓은 지름 3~7㎝로 처음에 둥근 산 모양이다가 나중에 편평해지고 가운데가 오목해진다. 갓 표면은 벨벳 모양이며 밤색 또는 육계색이다. 살은 단단하고 흰색이다. 관공은 처음에 흰색이다가 나중에 연한 노란색으로 변하고 구멍의 지름은 0.3~0.5㎜이다. 버섯 대는 굵기 1~2.5㎝, 길이 4~7㎝로 버섯 갓과 색이 비슷하다. 홀씨는 8~10.5×5~6.5㎛로 타원 모양이고 홀씨 무늬는 레몬색이다.

약용, 식용여부

식용할 수 있다. 혈당저하 작용이 있다.

젖비단그물버섯

주름버섯목 그물버섯과의 버섯
Suillus granulatus (L.) Rouss.

분포지역

한국, 일본, 시베리아, 유럽, 미국, 오스트레일리아

서식장소 / 자생지

소나무 숲 속

크기

버섯 갓 지름 4~9cm, 버섯 대 5~6×0.7~1.8cm

생태와 특징

북한명은 젖그물버섯이다. 여름과 가을에 소나무 숲 속에서 자란다. 버섯 갓은 지름 4~9cm이고 표면은 밤 갈색이며 축축해지면 매우 끈적거림이 강해지지만 나중에는 끈적거림이 없어지면서 노란색이 된다. 살은 부드럽고 누런 흰색 또는 노란색이다. 관공은 처음에 선명한 노란색이고 누런 흰색의 즙액을 분비하는 성질이 있으나 나중에는 누런 갈색이 된다. 버섯 대는 5~6×0.7~ 1.8cm이고 버섯 대고리는 없다. 버섯 대 표면은 노란색 바탕에 갈색의 작은 점들이 촘촘한 것이 특징이다.

약용, 식용여부

식용할 수 있다.

노란길민그물버섯

주름버섯목 그물버섯과의 버섯
Phylloporus bellus (Mass.)Corner

분포지역

한국(변산반도국립공원, 만덕산, 소백산, 두륜산, 지리산, 한라산), 일본, 중국, 유럽, 북아메리카

서식장소 / 자생지

숲 속이나 정원 나무 밑의 땅

크기

버섯 갓 지름 2.5~6cm, 버섯 대 굵기 5~10mm, 길이 3~5cm

생태와 특징

여름부터 가을까지 숲 속이나 정원 나무 밑의 땅에 자란다. 버섯 갓은 지름 2.5~6cm로 처음에 둥근 산 모양이다가 자라면서 편평해지고 나중에는 거꾸로 선 원뿔 모양으로 변한다. 갓 표면은 회갈색, 올리브빛 갈색이며 벨벳과 같은 느낌이 난다. 살은 두껍고 연한 노란색이다. 주름살은 내린주름살로 노란색이다. 버섯 대는 굵기 5~10mm, 길이 3~5cm이며 아랫부분으로 갈수록 가늘어지고 노란색 또는 황갈색이다. 버섯 대 속은 차 있다. 홀씨는 9.5~12.5×3.5~4.5μm이고 긴 타원형이다.

약용, 식용여부

일부 지역에서는 식용하는 경우도 있으나 체질에 따라 중독될 수도 있다.

큰비단그물버섯

주름버섯목 그물버섯과의 버섯
Suillus grevillei (Klotzsch) Sing

분포지역

한국, 북한, 일본, 중국, 유럽, 북아메리카, 오스트레일리아

서식장소 / 자생지 낙엽수림의 땅

크기 버섯 갓 지름 4~15㎝, 버섯 대 굵기 1.5~2㎝, 길이 4~12㎝

생태와 특징

북한명은 꽃그물버섯이다. 여름에서 가을까지 낙엽수림의 땅에 무리를 지어 자란다. 버섯 갓은 지름 4~15㎝이고 처음에 둥근 산 모양이다가 나중에 편평한 산 모양으로 변하며 가운데가 파인 것도 있다. 갓 표면은 밋밋하고 끈적끈적한데 노란색 또는 적갈색의 아교질이 있다. 갓 표면의 색깔은 처음에 밤갈색 또는 황금빛 밤 갈색이다가 나중에 레몬 색 또는 누런 붉은색으로 변하며 가장자리에는 내피 막의 흔적이 남아 있다. 살은 촘촘하며 황금색 또는 레몬색이고 송진 냄새가 나기도 한다. 주름살은 황금색이지만 흠집이 생기면 자주색 또는 갈색으로 변한다.

약용, 식용여부

식용으로 과식하면 소화불량을 일으키고 사람에 따라 가려움증을 일으킨다. 항산화, 혈당저하 작용이 있으며, 한방 관절약의 원료이다.

비단그물버섯

주름버섯목 그물버섯과의 버섯

Suillus luteus (L.) Rouss.

분포지역

한국 등 전세계

서식장소 / 자생지

소나무 숲의 땅

크기

버섯 갓 지름 5~14cm, 버섯 대 길이 4~7cm. 굵기 0.7~2cm

생태와 특징

북한명은 진득그물버섯이다. 여름에서 가을까지 소나무 숲의 땅에 무리를 지어 자란다. 버섯 갓은 지름 5~14cm로 둥근 산 모양이며 표면은 어두운 적갈색의 심한 점액 표피로 덮여 있지만 점차 색이 연해진다. 살은 흰색 또는 노란색으로 두껍고 부드럽다. 갓 아랫면은 처음에 흰색 또는 암자색의 내피 막으로 덮여 있고 버섯 대에 턱받이로 남게 되고, 버섯 대의 가장자리에 붙어 있다. 관은 노란색이다가 누런 갈색으로 변하며 구멍은 작고 둥글다.

약용, 식용여부

식용할 수 있으나 사람에 따라 복통, 설사를 일으킬 수 있다.
항산화, 혈당저하 작용이 있으며, 한방 관절약의 원료이다.

솜귀신그물버섯(귀신그물버섯)

주름버섯목 귀신그물버섯과 귀신그물버섯속 버섯
Strobilomyces strobilaceus (Scop.) Berk.

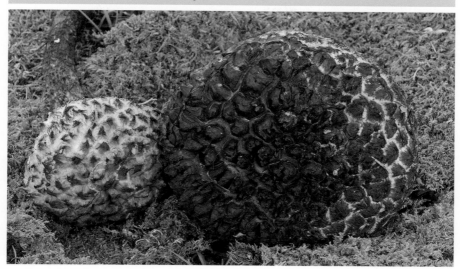

분포지역

한국, 유럽, 북아메리카

서식장소/ 자생지 숲속의 땅 위

크기 갓 지름 3~12cm, 자루 길이 5~15cm, 자루 지름 5~15mm

생태와 특징

여름부터 가을 사이에 숲속의 땅위에 무리지어 나며 공생생활을 한다. 균모의 지름은 3~12cm이고, 반구형에서 둥근 산 모양을 거쳐서 편평한 모양으로 된다. 표면은 검은 자갈색 또는 흑색의 인편으로 덮여 있다. 균모의 아랫면은 백색의 피막으로 덮여 있으나 흑갈색으로 되고, 나중에 터져서 균모의 가장자리나 자루의 위쪽에 부착한다. 살은 두껍고 백색이지만, 공기에 닿으면 적색을 거쳐 흑색으로 된다. 관공은 바른 관공 또는 홈파진관공으로 백색에서 흑색으로 되고, 구멍은 다각형이다. 북한명은 솔방울그물버섯이다. 균모살, 관공 또는 자루에 상처를 받으면 적색으로 변한다.

약용, 식용여부

식용과 약용으로 이용할 수가 있다. 외생균근을 형성하는 버섯이기 때문에 이용가능하다.

솔비단그물버섯

주름버섯목 그물버섯과의 버섯
Suillus tomentosus

분포지역

한국, 일본, 타이완, 북아메리카

서식장소 / 자생지

잣나무숲 등 오엽송림 또는 소나무숲

크기

버섯 갓 지름 4~10cm, 버섯 대 3~10×1~2cm

생태와 특징

가을철 잣나무 숲 등 오엽송림 또는 소나무 숲에도 자란다. 버섯 갓은 지름 4~10cm로 약간 원뿔 모양 또는 호빵 모양이거나 편평한 것도 있다. 갓 표면은 연한 노란색 또는 오렌지 빛 노란색으로 끈적끈적하고 잿빛 흰색, 갈색, 붉은 갈색의 솜털 같은 작은 비늘조각으로 덮여 있다. 살은 노란색 또는 거의 흰색이며 흠집이 생기면 약간 푸른색으로 변한다. 관공은 홈주름살 또는 띠주름살로 처음에 녹색빛을 띠는 누런 갈색 또는 누런 갈색에서 올리브색으로 변한다. 구멍은 다각형으로 처음에 황갈색에서 나중에 연한 황갈색 또는 자갈색으로 변한다. 버섯 대는 3~10×1~2cm로 위아래의 굵기가 같지만 밑 둥이 약간 굵다.

약용, 식용여부

식용할 수 있다.

제주쓴맛그물버섯

주름버섯목 그물버섯과의 버섯
Tylopilus neofelleus Hongo

분포지역

한국, 일본, 뉴기니섬

서식장소 / 자생지

혼합림 속의 땅 위

크기 버섯 갓 지름 6~11cm, 버섯 대 굵기 1.5~2.5cm, 길이 6~11cm

생태와 특징

여름부터 가을까지 혼합림 속의 땅 위에 여기저기 흩어져 자라거나 무리
를 지어 자란다. 버섯 갓은 지름 6~11cm이고 처음에 둥근 산 모양이다가
나중에 편평해진다. 갓 표면은 끈적거림이 없으며 벨벳과 비슷한 느낌이고
올리브색 또는 붉은빛을 띤 갈색이다. 살은 흰색이고 단단하며 두꺼운 편

이다. 관은 처음에 흰색이다가 나중에 연한 붉은색으로
변하며 구멍은 다각형이다.

 버섯 대는 굵기 1.5~2.5cm, 길이 6~11cm이고 밑 부분
이 굵다. 버섯 대 표면은 버섯 갓과 색이 같고 윗부분에
그물눈 모양을 보이기도 한다. 홀씨는 7.5~9.5×
3.5~4㎛이고 방추형이나 타원형이다.

약용, 식용여부

식용가능하나 매우 쓰고, 항균작용이 있다.

노란대쓴맛그물버섯(노란대껄껄이그물버섯)

주름버섯목 그물버섯과의 버섯
Tylopilus chromapes (Frost) Sm. & Thiers

분포지역

한국(가야산, 지리산), 일본, 북아메리카

서식장소 / 자생지

숲 속의 땅

크기

버섯 갓 지름 5~10㎝, 버섯 대 굵기 8~12㎜, 길이 6~9㎝

생태와 특징

여름부터 가을까지 숲 속의 땅에 자란다. 버섯 갓은 지름 5~10㎝로 처음에 둥근 산 모양이다가 나중에 편평하게 펴진다. 갓 표면은 물기가 없이 건조하고 연한 홍색 또는 연한 포도주색으로 가운데로 갈수록 진하며 작은털이 덮고 있다. 살은 흰색이고, 관은 끝붙은주름살 또는 올린주름살이며 처음에 흰색이다가 살색을 거쳐 나중에 갈색으로 변한다. 구멍은 둥글거나 각이 져 있다. 버섯 대는 굵기 8~12㎜, 길이 6~9㎝로 위아래의 굵기가 같은 것도 있고 위쪽과 아래쪽이 좀 더 가는 것도 있다. 버섯 대 표면은 흰색으로 분홍빛 갈색의 반점이 있으며 밑부분이 선명한 노란색이고 윗부분에는 그물눈 무늬가 있다. 버섯 대의 속은 차 있다가 비게 된다.

약용, 식용여부

식용할 수 있다.

바다말미잘버섯(꽃바구니버섯)

Clathrus archeri(Berk.) Dring

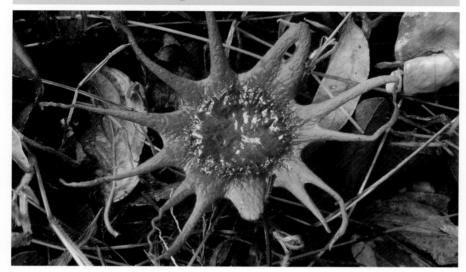

분포지역

북미, 유럽, 호주

서식장소/ 자생지

숲속이나 습기가 많은 지역

크기 5~15cm

생태와 특징

바다말미잘버섯, 문어대곰보버섯 등으로 불리는 호주의 토종 진균류이다. 동물의 살이 썩는 냄새가 나며, 그 냄새로 파리를 유도해서 종을 전파한다. 북미나 유럽, 호주 등지에서 서식하며 식용으로 독버섯이 아니라 식용할 수 있지만, 맛이 끔찍하다. 7~9월 숲속이나 습기가 많은 지역에서 발견되

며 계란같이 하얀 알에서 4~7개의 유연한 팔같은 것이 나온다. 알 크기는 5×4cm이며, 팔 길이는 10 cm이다.

약용, 식용여부

식용으로 독버섯이 아니라 식용할 수 있지만, 맛이 끔찍하다.

말징버섯

말불버섯과의 말징버섯속 버섯
Calvatia craniiformis (Schwein.) Fr.

분포지역

한국(가야산, 소백산, 지리산), 일본, 유럽, 미국

서식장소/ 자생지

숲속의 썩은 낙엽이 많은 땅 위

크기

자실체 지름 10㎝, 높이 10㎝

생태와 특징

여름부터 가을에 걸쳐 낙엽 위나 부식질이 많은 땅 위에 홀로 나거나 무리지어 발생하며, 부생생활을 한다. 자실체는 지름이 5~8㎝ 정도, 높이는 5~10㎝ 정도이고, 구형이다. 외피막은 얇고 연한 황갈색 또는 황토색이며, 내피 막은 얇고 황색 또는 연한 적색이다. 내부의 조직은 백색에서 황색의 카스텔라와 같으며 포자가 형성되면 갈색으로 변하고 분질상이 된다. 표피는 낡은 스펀지 모양으로 된 조직을 노출시키고, 포자는 비나 바람에 의해 외피가 부서지면 밖으로 노출되어 바람에 날린다. 대는 3~5㎝ 정도이고, 기부 쪽이 가늘며 황갈색을 띤다.

약용, 식용여부

어린 버섯은 식용하지만 성숙하면 조직이 모두 분질상의 포자로 변하므로 식용할 수 없게 된다.

말불버섯(마발)

담자균류 말불버섯과 버섯
Lycoperdon perlatum Pers.

분포지역

한국(소백산, 지리산, 한라산) 등 세계 각지

서식장소/ 자생지 산야길가, 도회지의 공원

크기 자실체 높이 3~7㎝, 지름 2~5㎝

생태와 특징

우리나라에서는 마발과의 마발 또는 대마발의 균체를 말한다. 중국에서는 대마발을 비롯해서 자색마발, 탈피마발을 말한다. 일본에서는 공정생약으로 수재되지 않았다. 여름에서 가을에 걸쳐 산야, 길가 또는 도회지의 공원 같은 곳에서도 흔히 발생한다. 속살은 처음에는 흰색이며 탄력성 있는 스펀지처럼 생겼고 그 내벽면에 홀씨가 생긴다. 자라면서 살이 노란색에서 회갈색으로 변하고 수분을 잃어 헌 솜뭉치 모양이 되며 나중에는 머리 끝부분에 작은 구멍이 생겨 홀씨가 먼지와 같이 공기 중에 흩어진다.

약용, 식용여부

어린 것은 식용한다. 항균작용이 있으며, 한방에서는 감기, 기침, 편도선염, 출혈 등에 이용된다. 다른곳에서는 식독불명으로 나와있으나 블로그 및 미국사이트에 식용가능으로 되어 있다.

망태버섯

진정담자균강 말뚝버섯목 말뚝버섯과 망태버섯속
Dictyophora multicolor Berk.

분포지역

한국을 비롯해, 일본, 중국, 유럽과 아메리카

서식장소 / 자생지

대나무밭이나 잡목림

크기

버섯의 크기는 10~20cm, 대의 굵기는 2~3cm

생태와 특징

한국을 비롯해, 일본, 중국, 유럽과 아메리카에 이르기까지 넓은 지역에 분포한다. 버섯의 크기는 10~20cm, 대의 굵기는 2~3cm에 이르는 중 대형 종이다. 주로 대나무밭이나 잡목림에 서식하며 여름에서 가을사이에 볼 수 있다. 버섯갓의 내면과 버섯대 위쪽 사이에서 망사같은 망태가 퍼져 드레스를 입은 것처럼 아름다운 모습을 하고 있다. 치마가 여러 가지 색을 띤다.

약용, 식용여부

중국에서는 죽손竹蓀이라 하여 식용도 한다.

망태말뚝버섯(망태버섯 개칭, 속 변경)

말뚝버섯과의 버섯
Dictyophora indusiata(Vent.)Fesv.(=Phallus indusiatus)

분포지역

한국(소백산, 가야산), 일본, 중국, 유럽, 북아메리카 등 전세계

서식장소 / 자생지 대나무 숲이나 잡목림의 땅

크기 버섯 대 높이 10~20㎝, 굵기 2~3㎝

생태와 특징

북한명은 분홍망태버섯이다. 여름에서 가을에 걸쳐 주로 대나무 숲이나 잡목림의 땅에 여기저기 흩어져 자라거나 한 개씩 자란다. 처음에는 땅속에 지름 3~5㎝의 흰색 뱀 알처럼 생긴 덩어리가 생기고 밑 부분에 다소 가지 친 긴 균사다발이 뿌리같이 붙어 있으며 점차 위쪽 부분이 터지면서 버섯이 솟아나온다. 버섯 대는 주머니에서 곧게 높이 10~20㎝, 굵기 2~3

㎝로 뻗어 나오고 순백색이다. 버섯 대는 속이 비어 있고 수많은 다각형의 작은 방으로 되어 있다. 버섯 갓은 주름 잡힌 삿갓 모양을 이루고 강한 냄새가 나는 올리브색 또는 어두운 갈색의 점액질 홀씨로 뒤덮인다.

약용, 식용여부

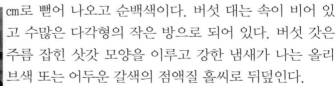

식용할 수 있으며, 중국에서는 건조품을 죽손竹蓀이라 하여 진중한 식품으로 이용하고 있다.

가시말불버섯

말불버섯과의 버섯
Lycoperdon echinatum Pers.

분포지역

한국, 일본, 중국, 유럽, 북아메리카

서식장소 / 자생지

숲 속 땅 위

크기

자실체 지름 2~5cm

생태와 특징

 여름부터 가을에 걸쳐서 숲 속 땅 위에 난다. 자실체는 지름 2~5cm로 공 모양 또는 서양 배 모양이고, 포자가 생기지 않는 기부는 잘록하여 원기둥 모양이고 밑 둥은 흰색 균사속이 있다. 각피 표면은 흰빛을 띤 황갈색 또는 갈색이고 3~5mm의 가시가 촘촘히 나 있다. 가시는 3~4개가 집합한 것인데 성숙하면 탈락하기 쉽고, 내피에 그물눈의 흔적을 남긴다. 내피는 적갈색으로 종이 질이다. 기본 체는 자갈색의 가루 모양 포자덩어리이고 포자가 생기지 않으며 지름 0.5mm인 작은 방이 있다. 탄사는 지름 2~7μm로 황갈색 두터운 막이며 가지가 갈라지고, 표면에 구멍이 있다.

약용, 식용여부

어린 것만 식용할 수 있다.

새주둥이버섯

바구니버섯과의 버섯

Lysurus mokusin (L.:Pers.) Fr.

분포지역

한국, 북한(백두산), 일본, 중국, 타이완, 오스트레일리아

서식장소 / 자생지 숲 속이나 정원의 땅 위

크기 버섯 높이 5~12cm, 굵기 1~1.5cm

생태와 특징

초여름부터 가을까지 숲 속이나 정원의 땅 위에 무리를 지어 자라며 특히 불탄 자리에 많이 난다. 버섯은 높이가 5~12cm이고 굵기는 1~1.5cm이다. 성숙한 자실체는 4~6각기둥 모양이고 단면은 별 모양으로 연한 크림색이다. 자실체 위쪽은 버섯 대의 능선과 같은 수만큼의 팔이 각 모양으로 갈라지나 그 팔은 안쪽에 서로 붙어 있으며 끝은 하나로 뭉쳐진다. 팔의 내면은 홍색이며 그곳에 어두운 갈색인 점액처럼 생긴 기본체가 붙는다. 홀씨는 4~4.5×1.5~2μm로 방추형이고 한쪽 끝이 조금 가늘며 연한 올리브색이다. 홀씨는 팔 내부의 점액에 섞여 있는데 이 점액이 곤충의 몸 등에 붙어 홀씨를 분산시켜 자기 종족을 퍼뜨리고 보존한다.

약용, 식용여부

독성이 없어 식용과 약용으로 이용된다.

좀말불버섯

담자균류 말불버섯과의 버섯
Lycoperdon pyriforme Schaeff.

분포지역

한국, 북한, 일본 등 전세계

서식장소 / 자생지

숲 속의 썩은 나무

크기

자실체 높이 2~4cm

생태와 특징

여름과 가을에 숲 속의 썩은 나무에 무리를 지어 자란다. 자실체는 높이
2~4cm이고 거꾸로 된 달걀 모양이나 공과 비슷한 모양이다. 자실체의 머
리 부분은 표면이 처음에 흰색이다가 나중에 회갈색으로 변하며 밋밋한 것
도 있고 작은 알갱이가 있는 것도 있다. 머리 부분의 꼭대기 끝에 작은 주
둥이가 있다. 자실체 내부는 처음에 흰색이지만 나중에 누런빛을 띤 초록
색이나 초록빛 갈색으로 변한다. 홀씨는 지름 4㎛의 공 모양이다.

약용, 식용여부

어린 것은 식용할 수 있다.

말불버섯

담자균류 말불버섯과의 버섯

Lycoperdon perlatum Pers.

분포지역

한국(소백산, 지리산, 한라산) 등 세계 각지

서식장소 / 자생지 산야, 길가, 도회지의 공원

크기 자실체 높이 3~7cm, 지름 2~5cm

생태와 특징

여름에서 가을에 걸쳐 산야, 길가 또는 도회지의 공원 같은 곳에서도 흔히 발생한다. 자실체 전체가 서양배 모양이고 상반부는 커져서 공 모양이 되며 높이 3~7cm, 지름 2~5cm이다. 어렸을 때는 흰색이나 점차 회갈색으로 되고 표면에는 끝이 황갈색인 사마귀 돌기로 뒤덮이며, 나중에는 떨어지기 쉽고 그물 모양의 자국이 남는다. 속살은 처음에는 흰색이며 탄력성 있는 스펀지처럼 생겼고 그 내 벽면에 홀씨가 생긴다. 자라면서 살이 노란색에서 회갈색으로 변하고 수분을 잃어 헌 솜뭉치 모양이 되며 나중에는 머리 끝부분에 작은 구멍이 생겨 홀씨가 먼지와 같이 공기 중에 흩어진다.

약용, 식용여부

어린 것은 식용한다. 항균작용이 있으며 한방에서는 감기, 기침, 편도선염, 출혈 등에 이용된다.

209

말뚝버섯

담자균류 말뚝버섯과의 버섯
Phallus impudicus L. var. impudicus

분포지역

한국(소백산, 한라산) 등 전세계

서식장소 / 자생지

임야, 정원, 길가, 대나무 숲

크기

버섯 갓 지름 4~5, 버섯 대 높이 10~15cm

생태와 특징

여름에서 가을에 걸쳐 임야, 정원, 길가, 또는 대나무 숲에서 한 개씩 자란다. 버섯 갓은 지름 4~5cm로 종 모양이고 어려서는 반지하생으로 흰색 알모양이며 밑부분에는 뿌리와 같은 균사다발이 붙어 있다. 버섯 대 표면은 순백색이다. 갓 전면에는 주름이 생겨 다각형의 그물 모양 돌기가 생기며 여기에 암녹갈색의 악취가 나는 점액이 붙는다. 이 점액은 자실층의 조직에서 유래된 것으로 수많은 포자가 들어 있으며 파리와 같은 곤충을 유인하여 포자 전파의 구실을 한다.

약용, 식용여부

알 모양의 어린 버섯은 식용한다.
암 환자의 보조 요법에 이용되며, 한방에서 류머티즘, 관절통에 도움이 된다고 하며, 식품 방부 기능이 있다.

모래밭버섯

담자균아문 진정담자균강 주름살버섯목 끈적버섯과
Pisolithus arhizus (Scop.) Rausch.

분포지역 전세계

서식장소/ 자생지 소나무 숲, 잡목림, 길가의 땅 위

크기 자실체 지름 3~10cm,

생태와 특징

자실체는 지름 3~10cm로 유구형이며, 기부는 좁아져 대 모양이 된다. 표피는 얇으며 백색에서 갈색이 되고, 성숙하면 표피의 윗부분이 붕괴되어 포자를 방출한다. 기본체는 초기에는 불규칙한 모양의 백색~황색~갈색의 작은 입자 덩어리로 구성되어 있으나, 차츰 윗부분에서부터 갈색의 분말상 포자가 된다. 작은 입자 덩어리는 지름 1~3mm이다. 대는 없거나 짧으며, 기부에는 황갈색의 근상균사속이 있다. 포자는 지름 7.5~9μm로 구형이며, 표면에는 침 모양의 돌기가 있고, 갈색이다. 봄~가을에 소나무 숲, 잡목림, 길가의 땅 위에 발생하는 균근성 버섯이다.

약용, 식용여부

어린 버섯은 식용하지만, 맛은 별로 없다.

색깔이 곱기 때문에 염색 원료로 사용된다. 혈전용해 작용이 있으며, 지혈, 소염의 효능이 있어 한방에서 기침, 상처치료에 이용된다.

검뎅이황색(백색 먼지균)먼지

Fuligo septica(L.) F.H. Wigg

서식장소/ 자생지

나무, 낙엽, 퇴비상

크기

자실체 크기 높이 4.5cm, 너비 10cm

생태와 특징

 자실체 형태는 평반구형~반구형이다. 변형체는 황색이다. 자실체 크기는 높이 4.5cm, 너비 10cm로 대형이다. 자실체 조직은 자실체 속은 황갈색에서 흑색으로 된다. 자실체 껍질은 백색이나 성숙하면 벗겨진다. 포자는 아구형이며 지름은 7-9㎛이고 반사광에서 암갈색이고 미세한 사마귀점이 있다. 여름에 썩는 나무, 낙엽, 퇴비상에 단생 또는 군생한다.

 국가생물종지식정보시스템는 검뎅이백색먼지(Fuligo candida Pers.)와 검뎅이백색먼지(Fuligo septica var. Flava Bull.)를 같은 종명으로 표기하여 혼란을 주고 있다.

약용, 식용여부

식용할 수 있다.

덕다리버섯

담자균류 민주름버섯목 구멍장이버섯과의 버섯
Laetiporus sulphureus

분포지역

한국(오대산, 월출산, 발왕산, 지리산, 한라산), 일본 등 북반구 온대지역

서식장소 / 자생지 침엽수, 활엽수의 생목 또는 고목의 그루터기

크기 버섯 갓 나비 5~20cm, 두께 1~2cm

생태와 특징

북한명은 살조개버섯이다. 버섯 대는 거의 퇴화되어 침엽수, 활엽수의 생목 또는 고목의 그루터기 등에 붙어서 발생한다. 버섯 갓은 부채꼴 또는 반원형으로 여러 개 중첩되어 30cm 내외의 버섯덩어리로 된다. 하나하나의 버섯 갓은 나비 5~20cm, 두께 1~2cm이고 표면은 오렌지색이며 뒷면은 선명한 노란색이다. 갓의 모양은 반원형 또는 부채형이고 육질(肉質)이다. 어렸을 때는 육질이고 살은 엷은 연주황색으로 탄력이 있으나 건조하면 흰색으로 되고 부서지기 쉽다.

약용, 식용여부

어린 것을 식용하는데, 닭고기와 같은 맛이 나기 때문에 외국에서는 '닭고기버섯'이라고도 부른다. 생식하면 중독된다. 항종양, 항산화, 항균, 지방감소 작용이 있으며, 자양강장, 질병에 대한 저항력 증진에 도움이 된다. 중국에서는 암치료에도 이용된다.

잣뽕나무버섯(잣나무버섯 개칭, 조개뽕나무버섯)

담자균문 주름버섯목 뽕나무버섯과 뽕나무버섯속의 버섯
Armillaria ostoyae (Romagn.) Herink

분포지역

한국, 일본, 유럽, 북미

서식장소/ 자생지

침엽수, 때로는 활엽수의 그루터기, 가지, 뿌리 등

크기 갓 크기 3~15㎝, 자루 길이 6~15㎝, 굵기 0.5~2㎝

생태와 특징

여름에서 가을에 침엽수, 때로는 활엽수의 그루터기, 가지, 뿌리 등에 군생하며 산림에 큰 피해를 준다. 형태와 색깔의 차이가 크다. 갓은 크기 3~15㎝ 정도로 처음에는 반구형~둔한 원추형이고 가장자리가 안쪽으로 감긴다. 후에 편평해지거나 가운데가 오목해지고 가장자리가 물결모양으로 굴곡 되기도 한다. 갓 표면은 어릴 때 암갈색이고 허연색~암갈색을 띠는 섬유상 인편이 산재된다. 흡수성이다. 습할 때는 적갈색을 띠고, 건조하면 담적갈색이 되기도 하며 가장자리는 연한색~허연색을 띠기도 한다. 어릴 때는 가장자리 끝 부분에 피막 잔재물이 붙는다. 살은 두터운 편이고, 백색이다. 주름살은 처음에 백색~크림색~회백색이고, 적갈색의 얼룩이 생기기도 한다. 촘촘하며 대에 올린~내린주름살이다.

약용, 식용여부

식용버섯이다.

연잎낙엽버섯

담자균류 주름버섯목 송이과의 버섯
Marasmius androsaceus

분포지역

한국, 유럽

서식장소 / 자생지 활엽수림의 토양 속

크기 자실체 크기 3~10cm

생태와 특징

여름에서 가을까지 잡목림 속의 낙엽이나 말라 죽은 가지 위에 자란다. 버섯 갓은 지름 5~10mm의 얇은 막질로서 처음에 반구 모양이다가 둥근 산 모양으로 변하고 나중에 편평해지며 가장자리가 뒤집힌다. 갓 표면은 건조할 때 붉은 갈색 또는 검은 갈색이며 자주색을 나타내기도 있는데, 털이 없고 방사상의 주름이 있다. 살은 흰색이다. 주름살은 바른주름살로 성기며 2갈래로 갈라지고 처음에 흰색이다가 나중에 살구 색으로 변한다. 버섯 대는 길이 3~6cm로 실 모양이고 검은색 또는 검은빛을 띤 붉은 갈색이다. 버섯 대 속은 비어 있으며 균사다발이 있다. 홀씨는 7~9×3.5~4μm로 달걀 모양이며 밋밋하고 홀씨 무늬는 흰색이다.

약용, 식용여부

식용과 약용할 수 있다.

반구독청버섯

담자균류 주름버섯목 독청버섯과의 버섯
Stropharia semiglobata

분포지역

한국(지리산), 일본, 유럽, 북아메리카

서식장소 / 자생지

말의 분뇨

크기

버섯 갓 지름 1.0~2.5cm, 버섯 대 굵기 0.3~0.6cm, 길이 5~12cm

생태와 특징

여름에 말의 분뇨에 여기저기 흩어져 있거나 한 개씩 자란다. 버섯 갓은 지름 1.0~2.5cm로 처음에 볼록한 모양이나 종 모양이다가 나중에 차차 편평해진다. 갓 표면은 끈적끈적하고 흰색, 노란색, 밝은 노란색이다. 살은 노란색으로 얇다. 주름살은 바른주름살로 폭이 중간 정도이고 바랜 회색 또는 잿빛 자갈색이다. 버섯 대는 굵기 0.3~0.6cm, 길이 5~12cm로 턱받이는 불완전하다. 버섯 대 표면은 점성이 있고 흰색 또는 바랜 노란색으로 오래되면 갈색으로 변하며 검은색의 섬유상 띠가 있다. 홀씨는 15~18×8.2~9.0μm의 타원형이고 매끈하며 끝에 발아공이 있다. 홀씨 무늬는 자갈색이다. 담자세포는 12~15×29~40μm로 방망이 모양이다.

약용, 식용여부

식용할 수 있다.

갈색솔방울버섯

담자균류 주름버섯목 송이과의 버섯
Baeospora myosura (Fr.) Sing.

분포지역

한국 등 북반구 온대 이북

서식장소 / 자생지

숲 속의 땅속에 묻힌 솔방울

크기

갓 지름 8~23mm, 자루 길이 2.5~5cm, 굵기 1~2.5mm

생태와 특징

늦가을에서 겨울 사이에 숲 속의 땅속에 묻힌 솔방울에서 자란다. 갓은 지름 8~23mm로 처음에 약간 둥근 산 모양이다가 편평해지고 나중에 중앙이 조금 볼록해진다. 갓 표면은 매끄럽고 연한 황갈색 또는 갈색인데 마르면

연한 색이 된다. 주름살은 올린주름살로 흰색이며 촘촘히 나 있다.

자루는 길이 2.5~5cm, 굵기 1~2.5mm로 갓보다 연한 흰색이며 흰색 가루 같은 것으로 덮여 있고 뿌리 부근에 흰색의 긴 털이 있다. 포자는 3.5~6×2.5~3μm로 타원형이고 포자무늬는 흰색이다.

약용, 식용여부

부후균으로 이용되며 식용할 수 있다.

회색깔때기버섯

송이과의 깔때기버섯속 버섯
Clitocybe nebularis(Batsch)P.Kumm.

분포지역

한국, 일본, 중국, 유럽 북반구 일대

서식장소/ 자생지

활엽수림. 혼합림 내 땅위

크기

갓 크기 6~15㎝, 자루길이 6~8 x 0.8~2.2㎝

생태와 특징

가을에 활엽수림, 혼합림 내 땅위에 군생한다. 갓의 크기는 6~15㎝ 정도
이고, 자루길이 6~8 x 0.8~2.2㎝이다. 처음에는 반구형에서 평반구형으
로 된다. 갓끝은 안쪽으로 말려있고 표면의 중앙이 약간 짙은 색이다. 주름
살은 내린 형으로 빽빽하다. 자루는 백색-담황색이고 하부는 굵다.

약용, 식용여부

식용버섯이지만 완전히 익혀 먹지 않으면 중독되고, 체질에 따라 구토, 설
사 등을 일으킨다. 항진균 작용이 있다.

단풍밀버섯(단풍애기버섯 개칭, 속변경)

주름버섯목 애기버섯속 송이과
Gymnopus acervatus(Fr.)Murrill. (=Collybia acervata (Fr.) Kummer)

분포지역

한국(지리산), 북미, 유럽

서식장소/ 자생지

숲속의 낙엽이 쌓인 곳의 땅

크기

갓 크기 1~5cm, 대 길이 3~8cm x 2~5mm

생태와 특징

여름부터 가을까지 숲속의 낙엽이 쌓인 곳의 땅에 군생한다. 자실체는 둥근 산형에서 편평하여진다. 버섯 갓의 크기는 1~5cm 이고 조직은 얇고 백색이다. 표면이 적색의 백색이며 자실층을 밀생하고 백색이며 바른주름살

이다. 대 길이는 3~8cm x 2~5mm 이고 원통형이고 백색이다. 포자는 타원형이고 5~6.5 x 2~2.5μm 이다.

약용, 식용여부

식용버섯이다.

붉은비단그물버섯

그물버섯과의 비단그물버섯속 버섯
Suillus pictus (Peck)A.H.Smith & Thiers

분포지역

한국, 일본, 중국, 북아메리카

서식장소/ 자생지

잣나무 밑의 땅

크기

균모 지름 5~10㎝, 자루 길이 3~8㎝, 굵기 0.8~1㎝

생태와 특징

가을에 잣나무 밑의 땅에 무리지어 나며 공생생활을 한다. 식용할 수가 있지만 독성분이 있다. 식물과 외생균근을 형성하는 버섯이기 때문에 이용가능하다. 균모의 지름은 5~10㎝이고, 둥근 산 모양이며 가장자리는 안쪽으로 말리나 나중에 편평하게 된다. 표면은 끈적거리지 않고 섬유질의 인편으로 덮여 있으며 적색 또는 적자색에서 갈색으로 된다. 살은 두껍고 크림색이며 상처를 입으면 연한 붉은색으로 된다. 관공은 내린주름관공으로 황색 또는 황갈색이며, 구멍은 방사상으로 늘어서 있다. 균모의 아래에 있는 연한 홍색의 내피막은 터져서 턱받이로 되거나 균모의 가장자리에 부착한다.

약용, 식용여부

식용버섯이나, 맛도 없고 벌레가 많아 식용으로 적당하지 않다. 혈전용해, 혈당저하작용이 있다.

검은덩이버섯

덩이버섯과의 버섯
Tuber indicum Cooke et Massee

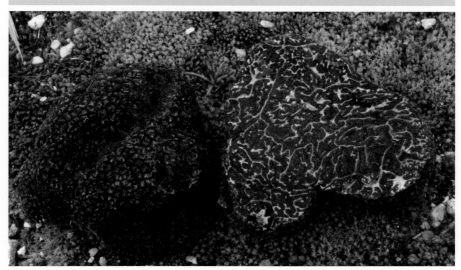

분포지역

한국(설악산), 일본, 유럽

서식장소 / 자생지

활엽수림 내 땅 위

크기

자낭과 지름 1.5~4㎝

생태와 특징

여름에서 가을까지 활엽수림 내 땅 위에 난다. 자낭과는 지름 1.5~4㎝의 덩어리 또는 공처럼 생겼으며 흑갈색이고 길이 약 1mm의 사마귀처럼 생긴 돌기를 표면에서 볼 수 있다. 자낭의 모양은 공 또는 타원 모양이며, 2~4개의 자낭포자가 있다. 자낭포자에 있는 돌기는 바늘처럼 생겼다.

약용, 식용여부

식용버섯이다.

송이

주름버섯목 송이과의 식용버섯
Tricholoma matsutake (S. Ito & S. Imai) Singer

분포지역

한국, 북한, 일본, 중국, 타이완

서식장소 / 자생지

20~60년생 소나무 숲 땅 위

크기

버섯 갓 지름 8~20cm, 버섯 대 길이 10cm, 굵기 2cm

생태와 특징

주로 가을 추석 무렵에 소나무 숲 땅 위에서 무리를 지어 자라거나 한 개씩 자란다. 버섯 갓은 지름 8~20cm이다. 처음 땅에서 솟아나올 때는 공 모양이나, 점차 커지면서 만두 모양이 되고 편평해지며 가운데가 약간 봉긋하다. 갓 표면은 엷은 다갈색이며 갈색 섬유상의 가느다란 비늘껍질로 덮여 있다. 어린 버섯은 흰색 솜털 모양의 피막에 싸여 있으나 펴짐에 따라 피막은 파여서 갓 가장자리와 버섯 대에 붙어 부드러운 버섯 대 고리로 남는다. 살은 흰색이고 꽉 차 있으며, 주름살도 흰색으로 촘촘하다.

버섯 대는 길이 10cm, 굵기 2cm로 버섯 대 고리의 위쪽은 흰색이고 아래쪽에는 갈색의 비늘껍질이 있다. 홀씨는 8.5×6.5μm로 타원형이며 무색이다. 일반적으로 송이는 20~60년생 소나무숲에 발생하며, 송이균은 소나무의 잔뿌리에 붙어서 균근(菌根)을 형성하는 공생균(共生菌)이다.

송이의 홀씨가 적당한 환경에서 발아된 후 균사로 생육하며 소나무의 잔뿌리에 착생한다. 흰색 또는 연한 노란색의 살아 있는 잔뿌리가 흑갈색으로 변하면서 균근을 형성하게 된다. 균근은 땅속에서 방석 모양으로 생육 번식하면서 흰색의 뜸(소집단)을 형성하며 고리 모양으로 둥글게 퍼져 나가는데 이것을 균환(菌環)이라고 한다. 균환은 땅속에서 매년 10~15cm씩 밖으로 생장하며, 충분히 발육된 균사는 땅속 온도가 5~7일간 19℃ 이하로 지속되면 버섯이 발생하기 시작한다. 이 무렵에는 충분한 수분이 필요하다. 따라서 송이는 주로 가을에 발생하며 6~7월에 약간 발생하기도 한다.

한국의 송이 주산지는 태백산맥과 소백산맥을 중심으로 경북 울진, 영주, 봉화 지방과 강원 강릉, 양양 지방이다. 한국, 북한, 일본, 중국, 타이완 등지에 분포한다. 송이의 품질은 버섯 갓의 피막이 터지지 않고, 버섯 대가 굵고 짧으며 살이 두꺼운 것이 좋다. 또한 향기가 진하고 색깔이 선명하며 탄력성이 큰 것이 우량품이다. 송이는 생산시기에 채취 집하되어 생송이로 일본으로 많이 수출하고, 일부는 냉동 또는 염장하거나 통조림으로 저장하여 이용한다. 송이는 활물기생균이므로 표고와 같이 종균에 의한 인공재배가 곤란하여 송이의 발생 임지에 대한 환경개선과 관리에 의존하고 있으며, 최근에는 소나무 묘목을 송이균에 감염시켜 이식하는 방법 등이 연구 중에 있다.

약용, 식용여부

송이의 품질은 버섯 갓의 피막이 터지지 않고, 버섯 대가 굵고 짧으며 살이 두꺼운 것이 좋다. 또한 향기가 진하고 색깔이 선명하며 탄력성이 큰 것이 우량품이다.

목이버섯

담자균류 목이과의 버섯
Auricularia auricula-judae (Bull.) Quel.

분포지역
한국, 북한(백두산) 등 전세계
서식장소 / 자생지　활엽수의 죽은 나무
크기　자실체 지름 3~12㎝

생태와 특징

　흐르레기라고도 한다. 여름에서 가을까지 활엽수의 죽은 나무에 무리를 지어 자란다. 자실체는 지름 3~12㎝로 서로 달라붙어 불규칙한 덩어리로 되고 비를 맞으면 묵처럼 흐물흐물해진다. 건조하면 수축하여 단단한 연골 질로 되고 물을 먹으면 다시 원형으로 된다. 몸 전체가 아교질로 반투명하며 울퉁불퉁하게 물결처럼 굽이친 귀 모양을 이루고 있다.

　윗면은 자갈색이고 극히 작은 촘촘하며, 아랫면은 밋밋하고 광택이 있으며 자실 층으로 덮여 있다. 담자세포의 돌기는 원뿔형이고 가로막에 의해 4개의 방으로 구분되며 각 방에서 돌기가 나와 그 끝에 1개씩 홀씨가 붙는다. 홀씨는 무색의 신장 모양이다.

약용, 식용여부

생산지에서는 생것으로 식용되나 일반적으로 건조품이 이용된다.
중국요리에 널리 쓰이고 있다. 부드럽고 쫄깃쫄깃한 맛과 검은 색깔로 시각적인 면에서 즐길 수 있는 식품이다.

털목이버섯

담자균류 목이목 목이과의 버섯
Auricularia polytricha (Mont.) Sacc. (=Hirneolina polytrica (분홍목이)).

분포지역

한국, 일본, 아시아, 남아메리카, 북아메리카

서식장소 / 자생지

활엽수의 죽은 나무 또는 썩은 나뭇가지

크기 버섯 갓 지름 3~6㎝, 두께 2~5㎜

생태와 특징

봄에서 가을까지 활엽수의 죽은 나무 또는 썩은 나뭇가지에 무리를 지어 자란다. 버섯 갓은 지름 3~6㎝, 두께 2~5㎜이고 귀처럼 생겼다. 버섯 갓이 습하면 아교질로 부드럽고 건조해지면 연골질로 되어 단단하다. 버섯 갓 표면에는 잿빛 흰색 또는 잿빛 갈색의 잔털이 있다. 갓 아랫면은 연한

갈색 또는 어두운 자줏빛 갈색이고 밋밋하지만, 자실층이 있어 홀씨가 생기며 흰색 가루를 뿌린 것처럼 보인다. 홀씨는 크기 8~13×3~5㎛의 신장 모양이고 색이 없다. 홀씨 무늬는 흰색이다.

약용, 식용여부

식용할 수 있으나, 독성분도 일부 들어있다. 항알레르기, 항산화, 콜레스테롤 저하작용이 있으며, 한방에서는 산후허약, 관절통, 출혈 등에 도움이 된다고 한다.

노란털벚꽃버섯

담자균류 주름버섯목 벚꽃버섯과의 버섯
Hygrophorus lucorum Kalchbr.

분포지역

한국(변산반도국립공원, 두륜산, 가야산, 지리산),
일본, 유럽

서식장소 / 자생지

침엽수림의 땅

크기

버섯 갓 지름 3~4cm, 버섯 대 굵기 5~7mm, 길이 5~6cm

생태와 특징

북한명은 진득노란꽃갓버섯이다. 늦가을에 침엽수림의 땅에서 무리를 지
어 자란다. 버섯 갓은 지름 3~4cm로 처음에 둥근 산 모양이다가 나중에 편
평해지면서 가운데가 볼록해진다. 갓 표면은 레몬 색으로 심하게 끈적끈적
하다. 살은 약간 노란색이고 냄새와 맛은 없다. 주름살은 내림주름살이며
성기고 연한 노란색이다. 버섯 대는 굵기 5~7mm, 길이 5~6cm이며 흰색 또
는 노란색이고 끈적끈적한 껍질로 덮여 있다. 버섯 대 속은 차 있거나 또는
비어 있다. 홀씨는 8~10×4.5~5.5μm로 타원형이다.

약용, 식용여부

식용할 수 있다.

그물버섯아재비

담자균류 주름버섯목 그물버섯과의 버섯
Boletus reticulatus Schaeff. (=Boletus aestivalis (Paulet) Fr.)

분포지역

북한, 중국, 일본, 북아메리카, 유럽, 아프리카

서식장소 / 자생지

숲 속의 땅

크기 갓 지름 10~20㎝, 자루 굵기 3~6㎝, 길이 10~15㎝

생태와 특징

여름부터 가을까지 숲 속의 땅에서 무리를 지어 자란다. 갓은 지름이 10~20㎝에 이르며 처음에 공 모양이다가 둥근 산 모양으로 변하고 가운데는 편평하게 된다. 갓 표면은 축축할 때 밋밋하면서 점성이 있고 황갈색, 황토색, 갈색, 적갈색이다. 살은 두꺼운 편으로 흰색이고 겉껍질의 아래는 붉은색이며 공기에 노출되어도 푸른색으로 변하지 않는다. 관은 처음에 흰색이다가 노란색으로 변하고 나중에 어두운 녹색으로 변한다. 구멍은 작은 원 모양이다.

약용, 식용여부

식용버섯으로 이용된다.

아가리쿠스버섯(신령버섯)

담자균류 주름버섯목 주름버섯과의 버섯
Agaricus blazei Murill

분포지역

미국 플로리다주 일대와 라틴아메리카 북부 고원지대(원산지 아메리카)

서식장소 / 자생지 미국 플로리다주, 브라질의 산간지대

크기 자루 5~10cm, 갓 6~12cm

생태와 특징

신령버섯, 흰들버섯이라고도 한다. 자루 높이는 5~10cm, 갓의 크기는 6~12cm이다. 생김새는 양송이와 비슷하지만, 자루가 양송이보다 두껍고 길다. 갓의 겉 부분은 발생 조건에 따라 흰색, 갈색 또는 옅은 갈색을 띠지만, 자루는 희다. 들에서 자생하는 버섯 가운데 가장 무거운 편에 속하며, 포자의 갈변(褐變)이 늦다. 1944년 미국 플로리다 주(州)에서 처음 발견된 뒤, 1960년대 중반 브라질의 산악지대인 피아다데의 원주민들이 식용한다는 사실이 밝혀지면서 널리 알려지기 시작하였다. 암을 비롯한 각종 성인병에 좋다는 사실이 알려지면서 1990년대를 전후해 인공재배 연구가 이루어지기 시작하였다.

약용, 식용여부

마른 버섯을 그대로 씹어 먹기도 하고, 달여서 차로 마시거나 요리에 넣어서 다른 식품과 함께 먹는다. 부작용이 거의 없는 것으로 알려져 있다.

나도팽나무버섯

담자균류 주름버섯목 독청버섯과의 버섯
Pholiota nameko

분포지역

한국, 일본, 중국, 타이완

서식장소 / 자생지

지상에 가로 누운 너도밤나무의 고목 가지나 자른 그루터기

크기

버섯 갓 지름 3~8cm, 버섯 대 길이 2~8cm, 굵기 3~13mm

생태와 특징

북한명은 진득기름갓버섯이다. 10월 하순에 자연에서는 주로 지상에 가로
누운 너도밤나무의 고목 가지나 자른 그루터기에서 무리를 지어 자란다.
버섯 갓은 지름 3~8cm로 처음에 반구형 또는 원뿔 모양이다가 둥근 산 모

양으로 변하고 나중에는 편평해진다. 갓 표면은 점액으
로 덮여 있으며 가운데는 갈색, 가장자리는 누런 갈색
이고 나중에 점액이 사라진다. 주름살은 바른주름살로
처음에 연한 노란색이지만 나중에 연한 갈색으로 변하
고 촘촘하게 나 있다.

약용, 식용여부

식용할 수 있으며 인공재배가 가능하다.

양송이버섯

담자균류 주름버섯목 주름버섯과의 버섯
Agaricus bisporus

분포지역

전세계

서식장소 / 자생지

풀밭

크기

버섯 갓 지름 5~12cm, 버섯 대 4~8cm×1~3cm

생태와 특징

서양송이, 머시룸이라고도 하며 북한명은 볏짚버섯이다. 여름철 풀밭에 무리를 지어 자란다. 버섯 갓은 지름 5~12cm이고 처음에 거의 공 모양에 가깝지만 점차 퍼져서 편평해진다. 갓 표면은 흰색이며 나중에 연한 누런 갈색을 띠게 된다. 살은 두껍고 흰색이며 흠집이 생기면 연한 홍색으로 변한다. 주름살은 끝붙은주름살로 촘촘하며 어린 것은 흰색이다가 점차 연한 홍색으로 변하고 발육됨에 따라 검은 갈색으로 변한다.

세계 각국에서 널리 재배하는 식용버섯으로 여러 품종이나 변종이 있다.

약용, 식용여부

한국의 양송이 재배는 1960년대부터 시작되어 중부이남지역에서 널리 재배하며, 주로 봄, 가을 2기작이 실시되고 있으며, 통조림으로 가공 수출되거나 생 버섯으로 국내에 시판되고 있다.

무리송이

송이버섯과 송이속 버섯
Tricholoma populinum J.E.Lange

분포지역 한국, 중국, 일본

서식장소 / 자생지 가을에 활엽수의 땅위에서 발생

크기 포자는 둥글고 매끈하며 직경 4~6μm이다.

생태와 특징

버섯갓의 직경은 6~10cm이고 처음에는 반둥근모양 또는 만두모양이고 후에 편평하게 펴지는데 가운데부분은 둥실하다. 변두리는 얇고 안쪽으로 말리며 물결모양이고 때로는 얕게 찢어진다. 겉면은 연한재색, 어두운 재색, 연한 재빛밤색이고 매끈하며 마르면 윤기 난다. 살은 희고 가운데부분은 두껍고 튐성이있다. 버섯주름은 흰색 혹은 노란색, 살색을 띠며 빽빽하고 버섯대에 홈파진주름으로 붙는다(약간 내린주름에 가까운것도 있다.) 어릴때에는 밑부분이 부풀어서 실하고 다 성장한것에서는 아래 우의 굵기가 거의 같게 된다.

약용, 식용여부

먹는 버섯 가운데서 맛이 좋은 버섯이다. 송이버섯과 마찬가지로 나무뿌리에 균근을 형성함으로써 매년 같은 장소에 거의 발생한다. 그러므로 균권을 파괴하지 않도록 주의한다.

풀버섯

난버섯과의 버섯
Volvariella volvacea (Bull. ex Fr.) Sing

분포지역

한국, 일본, 동남아시아, 유럽, 북아메리카

서식장소 / 자생지

볏짚더미 또는 땅 위

크기

버섯 갓 지름 5~10㎝, 버섯 대 5~12×0.5~1.2㎝

생태와 특징

초고(草菰)라고도 하며 북한명은 주머니버섯이다. 가을에 볏짚더미 또는
땅 위에서 자란다. 버섯 갓은 지름 5~10㎝이고 처음에 종 모양 또는 둥근
산 모양이다가 나중에 편평해진다. 갓 표면은 건조한 편이며 검은빛을 띠
고 검은색 또는 검은 갈색의 섬유가 덮고 있다. 살은 흰색이고 주름살은 끝
붙은주름살이며 처음에 흰색이다가 나중에 살구 색으로 변한다. 버섯 대는
5~12×0.5~1.2㎝이고 밑부분이 불룩하고 속이 차 있다. 버섯 대 표면은
흰색 또는 노란색 바탕에 흰색 털이 나 있다. 덮개 막은 흰색이며 크고 두
꺼우면서 위쪽 끝이 갈라져 있다.

약용, 식용여부

식용할 수 있다. 볏짚으로 인공재배를 하기도 한다.

232

잎새버섯

담자균류 민주름버섯목 구멍장이버섯과의 버섯
Grifola frondosa

분포지역

한국, 일본, 유럽, 미국

서식장소 / 자생지

활엽수의 밑동

크기 버섯 갓 폭 2~5cm, 두께 2~4mm

생태와 특징

북한명은 춤버섯이다. 여름과 가을에 활엽수의 밑동에 무리를 지어 자란다. 자실체는 여러 갈래로 가지를 친 버섯 대의 가지 끝에 작은 버섯 갓이 무수히 많이 모여 집단을 이루는 복잡하고 큰 버섯덩이이다. 버섯 갓은 폭 2~5cm, 두께 2~4mm이며 반원 모양 또는 부채 모양이다. 갓 표면은 처음에는 검은색이다가 짙은 재색 또는 회갈색으로 변한다. 살은 육질이고 흰색이며 건조하면 단단해지고 부서지기 쉽다. 갓 아랫면의 관공은 흰색이고 버섯 대에 내려 붙는다.

약용, 식용여부

참나무 톱밥을 이용한 인공재배법이 개발되었으며 맛과 향기가 좋아 식용할 수 있다.

233

곰보버섯

자낭균류 주발버섯목 곰보버섯과의 버섯
Morchella esculenta

분포지역

한국(지리산) 등 북반구 온대 지역

서식장소 / 자생지

숲, 정원수 밑

크기

자실체 높이 6~12cm

생태와 특징

3~5월에 숲이나 정원수 밑에서 무리를 지어 자란다. 자실체의 갓 부분에 자낭포자와 측사(側絲)가 들어 있다. 몸은 갓과 자루로 되어 있으며 높이 6 ~12cm이다. 갓은 연한 노란색이고 넓은 달걀 모양이며 바구니 눈 모양의 홈이 있고 무른 육질이다. 자루는 길이 4~5.5cm, 나비 3~2.6cm로 거의 원기둥 모양이고 흰색 또는 연한 노란빛을 띤 흰색이며 속은 비어 있다. 자 낭은 갓의 밑 부분에 있는 홈의 안쪽에 형성되고 그 속에 8개씩 무색 타원 형의 포자가 만들어진다. 포자의 표면은 편평하고 밋밋하며 포자무늬는 흰 색이다. 나무와 균근을 이루어 공생생활을 한다.

약용, 식용여부

유럽에서는 식용한다.

정확한 자료가 없는
버섯

버들간고약버섯(한글 자료 없음)

Cytidia salicina(Fr.) Burt.

Otidea cochleata(Huds.) Fuckel(한국명 못 찾음)

Otidea cochleata(Huds.) Fuckel

Osteina obducta(Berk.) Donk(한국명 못찾음)

Osteina obducta(Berk.) Donk

Cantharellula umbonata(J.F.Gmel.) Singer
(한글 자료 없음.)

Cantharellula umbonata(J.F.Gmel.) Singer

Lepista flaccida(Sowerby) Pat.(한글 자료 없음)

Lepista flaccida (Sow ex Fr.) Pat.

Leucocortinarius bulbiger(Alb.&Schwein.) Singer
(한글자료없음)

Leucocortinarius bulbiger(Alb.&Schwein.) Singer

Pholiota flammans(Batsch) P.Kumm.
(한글 자료 없음)

Pholiota flammans (Fr.) Kummer

Calostoma cinnabarinum Corda(한글 자료 없음)

Cystoderma cinnabarinum (Seer.)

Cantharellula umbonata(J.F.Gmel.)Singer
(한글 자료 없음)

Cantharellula umbonata (Fr.) Singer

중국벌동충하초(박쥐나방동충하초)106
Ophiocordyceps sinensis(Berk.)G.H.Sung.

Poronidulus conchifer(Schwein.) Murrill
(구멍집버섯)(한글 자료 없음)
Poronidulus conchifer(Schwein.) Murrill

Chromosera cyanophylla(Fr.) Redhead
(한국미기록종)
Chromosera cyanophylla(Fr.) Redhead

Hebeloma sacchariolens Quel.(한글 자료없음.)

Hebeloma sacchariolens Quel.

Verpa conica(O.F.Mull.) Sw.(한국명 못 찾음)

Verpa conica(O.F.Mull.) Sw.

Verpa digitaliformis Pers.(한글 자료 없음)

Verpa digitaliformis Pers.

Galiella amurensis(Lj. N. Vassiljeva) Raitv
(자료없음.)

Geopora tenuis(Fucel) T.Schumach.(자료없음.)

Hypocreopsis lichenoides(Tode) Seaver(자료없음.)

Hydnotrya cerebriformis(Tul.&C.Tul.) Harkn.
(자료없음.)

Morchella spongiola Bond.(자료없음.)

Xylaria pedunculata(Dicks.) Fr.(자료없음.)

Auricularia delicata(Mont.) Henn.(추목이)
자료없음)

Exidia nucleata(Schwein.) Burt(자료 없음.)

Cycloporus greenei(Berk.) Murr.(자료 없음.)

Inonotus levis P. Karst.(자료없음.)

Sarcodontia spumea(Sowerby) Spirin(자료 없음.)

Sparassis latifolia Y.C.Dai&Zh.Wang(자료 없음.)

Bankera violascens(Alb.&Schwein.) Pouzar
(자료 없음.)

Ramaria mairei Donk
(라일락분기산호버섯, 자료 없음.)

Pistillaria petasitidis S. Imai(자료 없음.)

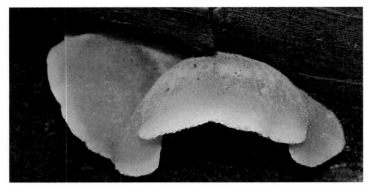

Gloeostereum incarnatum S. Ito&S.Imai
유이(자료 없음)

Agaricus perratus Schulzer(자료 없음.)

Amylolepiota lignicola(P.Karst.) Harmaja
(자료 없음.)

Campanella tristis(G.Stev.) Segedn(자료 없음.)

Chroogomphus
purpurascens(Lj.N.Vassiljeva)M.M.Nazarova
(자료 없음.)

Gymnopus aquosus(Bull.) Antonin&Noordel.
(자료 없음.)

Hemimycena candida(Bres.) Singer
(새끼애주름버섯속)(자료없음)

Hemistropharia albocrenulata(Peck)
Jacobsson&E.Larss.(자료 없음.)

Hypsizygus ulmarius(Bull.)Redhead
(한글 자료 없음)느티만버섯

Lentinus cyathiformis(Schaeff.) Bres.(자료 없음.)

Lentinus suavissimus Fr.(자료 없음.)

Lepiota erminea(Fr.) Gillet(자료 없음.)

Macrolepiota excoriata(Schaeff.) Wasser
(한글 자료 없음)

Marasmilellus enodis Singer(자료 없음.)

Melanoleuca brevipes(Bull.) Pat.(자료 없음)

Omphalina lilaceorosea Svrcek&Kubicka
(자료 없음.)

Panellus edulis Y.C.Dai, Niemela&G.F.Qin
(자료 없음.)

Pleurotus calyptratus(Lindblad) Sacc.
(외국의 느타리버섯)(자료 없음.)

Panus adhaerens(Alb.&Schwein.:Fr.) Corner
(자료 없음.)

Pluteus chrysophaeus(Schaeff.) Quel.
(꾀꼬리난버섯)(자료 없음)

Panus giganteus(Berk.) Corner(자료 없음.)

Physalacria lateriparies X.He&F.Z.Xue
(자료 없음.)

Pholiota populnea (Pers.) Kuyper & Tjall.—Beuk.
(자료 없음.)

Rhodophyllus aborticus(Berk.et Curt.) Sing.
(자료없음.)

Pleuroflammula flammea(Murrill) Singer(자료 없음.)

Russula aurea Pers.(한글 자료 없음)

Russula paludosa Britzelm.(한글 자료 없음)

Tubaria confragosa(Fr.) Harmaja(자료 없음.)

Disciseda cervina(Berk.) Hollos(자료 없음.)

Phallus rubicundus(Bosc) Fr.(자료 없음)

Tulostoma bonianum Pat.(자료 없음.)

Phellinus vaninii Ljub.(진흙버섯속)(자료 없음.)

Sinofavus allantosporus W.Y.Zhuang&Tolgor
(자료 없음.)

Mycena corynephora Mass(자료 없음.)

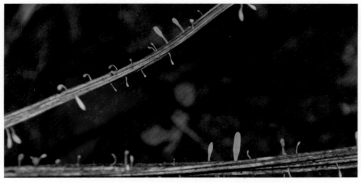

Pistillaria petasitidis S.Imai(자료 없음.)

Macrolepiota mastoidea(Fr.) Sing(한글 자료 없음)

옥수수깜부기병균(위틀라코체, 말불버섯)

Entoloma abortivum(Berk.&M.A.Curtis) Donk
(한글 자료 없음)

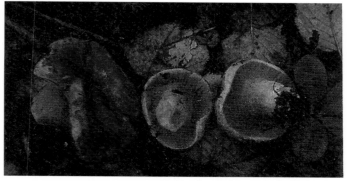

Hypomyces viridis(Alb.&Schwein.)P.Karst.
(자료 없음.)

481과 동일 Ganoderma tsugae Murrill.
(쓰가불로초).

Tremella aurantialba Bandoni&M.Zang
(금이(金耳)버섯)(자료

Sparassis latifolia Y.C.Dai&Zh.Wang.(자료 없음.)

Chroogomphus
purpurascens(Lj.N.Vassiljeva)M.M.Nazarova.
(자료 없음.)

Tricholoma mongolicum S. Imai(자료 없음.)

Panellus edulis Y.C.Dai, Niemela&G.F.Qin
(자료 없음.)

자료가 없는 버섯들